中等职业教育"十二五"规划教材

中职中专计算机类教材系列

# Dreamweaver CS3
# 网页制作与实训

张学义　主编

科学出版社

北　京

## 内 容 简 介

全书共十二个项目，项目一、二主要讲述 Dreamweaver 入门知识及站点管理及策划，项目三重点介绍 HTML 语言，也是学习网页的基础；项目四至六讲述了 Dreamweaver CS3 基本操作、表格的运用和超级链接的设置；项目七、八、九分别讲述了网页布局、CSS 样式、创建表单；项目十、十一分别讲述行为的应用、模板和库；项目十二是一个独立的项目，详细介绍了开发网站项目的完整流程。

本书从面向学生的角度，以简洁的语言和具体的项目实例，结合作者多年的教学经验和项目开发的经验，系统地介绍了 Dreamweaver CS3 制作网页全过程，让学生以较短的时间掌握这门课程，为以后开发网站打下牢固的基础。

本书可作为中职中专计算机专业的学生的教材。

**图书在版编目（CIP）数据**

Dreamweaver CS3 网页制作与实训/张学义主编. —北京：科学出版社，2008

（中等职业教育"十二五"规划教材·中职中专计算机类教材系列）
ISBN 978-7-03-022341-8

Ⅰ.D…　Ⅱ.张…　Ⅲ. 主页制作-图形软件，Dreamweaver CS3
-专业学校-教材　　Ⅳ.TP393.092

中国版本图书馆 CIP 数据核字（2008）第 089495 号

责任编辑：韩　洁　陈砺川/责任校对：耿　耘
责任印制：吕春珉/封面设计：耕者设计工作室

*科学出版社* 出版
北京东黄城根北街 16 号
邮政编码：100717
http://www.sciencep.com
铭洁彩色印装有限公司 印刷
科学出版社发行　　各地新华书店经销
*
2008 年 7 月第 一 版　　开本：787×1092　1/16
2016 年 11 月第九次印刷　　印张：14
字数：311 000
定价：28.00 元
（如有印装质量问题，我社负责调换〈骏杰〉）
销售部电话 010-62134988　编辑部电话 010-62148322

# 编 委 会

# 前　言

随着 Internet 的迅猛发展，网站建设成为互联网领域的一门重要技术，掌握这门技术首先要掌握一种网页开发工具，Dreamweaver CS3 是目前十分流行的工具软件之一。本教材全面介绍了 Dreamweaver CS3 这款功能强大、所见即所得的软件，采用任务驱动和项目实例教学相结合的方法编写，体现"以就业为导向、以能力为本位"职业教育思想，突出培养学生的动手能力和实践能力，努力实现中职人才培养的目标。

本书主要有以下特点：

（1）采用任务驱动和项目实例教学相结合的方法，全面拓展学生的职业技能。在任务部分，简明扼要地讲解各个知识点，并结合具体的操作步骤完成各个任务，其次，以项目实例为引领，根据学生的接受能力，把知识点贯穿在精心设计的项目中。通过若干个实际项目为载体，引导学生通过项目的完成，掌握网页的制作方法和技巧，培养学生进行信息收集、分析和表达的能力。

（2）项目实例实用、完整。各个知识点融合到各个项目中去，符合学生的认知规律。每一项目实例既有独立性，又有联系性；由浅及深，由易到难，循序渐进，学生在实践中提高自身技能水平。

（3）采用 Dreamweaver CS3 版本，能够学习全新的 Dreamweaver 功能。

（4）注重章节内容的内在联系。增加 HTML 基础性章节，让学生加深对网页制作本质理解，提高代码阅读、编写能力，同时，体会到 Dreamweaver 可视化网页制作工具的优势。

（5）全书图文并茂，在培养学生网页审美能力的同时，提高学习网页制作的兴趣。

全书共十二个项目，项目一主要讲述 Dreamweaver CS3 入门知识，主要包括 Dreamweaver CS3 新特点、安装及界面特点；项目二介绍站点管理及策划，主要包括网站策划基础，本地站点的创建、管理及发布；项目三介绍 HTML 语言，也是学习网页的基础；项目四讲述 Dreamweaver 基本操作，包括文本、图像、Flash 对象及网页属性设置；项目五讲述表格的运用，主要包括表格的创建、编辑及布局；项目六讲述了超级链接的创建及应用；项目七讲述了层 AP Div、框架高级网页布局；项目八讲述了 CSS 样式的定义、创建及运用；项目九讲述了创建表单元素的方法，以及表单元素的运用；项目十介绍了行为面板及行为的动作、事件特点，时间轴的具体应用；项目十一分别介绍了模板和库的创建、编辑及使用；项目十二通过综合实训制作一个完整的网站，将全书的知识点贯穿其中，作为学习本课程的总测试。

各项目理论、实践有所侧重，安排课时根据实际情况予以合理安排，各项目内容的学时分配建议如下。

| 课 程 内 容 | 理 论 课 时 | 实 践 课 时 | 合 　 计 |
|---|---|---|---|
| 项目一　Dreamweaver CS3 入门 | 1 | 3 | 4 |
| 项目二　站点策划与管理 | 2 | 2 | 4 |
| 项目三　Dreamweaver 的基础 HTML | 2 | 2 | 4 |
| 项目四　网页的基本操作 | 2 | 5 | 7 |
| 项目五　表格的运用 | 2 | 6 | 8 |
| 项目六　超级链接的设置 | 2 | 4 | 6 |
| 项目七　网页高级布局 | 2 | 4 | 6 |
| 项目八　CSS 样式表 | 3 | 6 | 9 |
| 项目九　创建表单 | 3 | 6 | 9 |
| 项目十　行为的应用 | 3 | 6 | 9 |
| 项目十一　模板和库 | 3 | 5 | 8 |
| 项目十二　综合实训 | 1 | 9 | 10 |
| 课时合计 | 26 | 58 | 84 |

　　张学义任本书主编，负责全书的内容构思与统稿；张学义编写项目三、八、九、十，梁丽霞编写项目一、四，李玉宁编写项目二、五、七，杨光编写项目六、十一，王部编写项目十二，参加编写的还有张栋、姚昕凡等。

　　由于作者水平有限，加上编写时间仓促，书中难免有不妥之处，恳请广大读者批评指正，本书项目实例附有源代码电子包，如需要可电邮，联系方式：zxueyi@163.com。

# 目　录

项目一　Dreamweaver CS3 入门 .................................................................................1

  任务一　了解 Dreamweaver CS3 ............................................................................2

    知识 1.1　Dreamweaver CS3 简介 ......................................................................2

    知识 1.2　Dreamweaver CS3 新功能 ..................................................................2

  任务二　完成 Dreamweaver 安装 ...........................................................................3

    操作 1.1　Dreamweaver CS3 的安装 ..................................................................3

    操作 1.2　首次运行 Dreamweaver CS3 ..............................................................5

  任务三　熟悉 Dreamweaver CS3 的工作界面 .......................................................5

    操作 1.3　认识文档窗口和状态栏 ......................................................................5

    操作 1.4　认识"属性"栏和"插入"栏 ..............................................................6

    操作 1.5　面板及面板的基本操作 ......................................................................7

  实训项目 .....................................................................................................................8

    实训 1.1　掌握 Dreamweaver CS3 的安装 ........................................................8

    实训 1.2　掌握面板及面板的基本操作 ..............................................................9

  知识拓展　Dreamweaver CS3 工作流程的改进 ...................................................9

  项目小结 ...................................................................................................................11

  思考与练习 ...............................................................................................................11

项目二　站点策划与管理 ...........................................................................................12

  任务一　了解网站策划基础 ...................................................................................13

    知识 2.1　网站定位 ............................................................................................13

    知识 2.2　网站风格与形象 ................................................................................13

    知识 2.3　网站的栏目与版块 ............................................................................13

    知识 2.4　确定网站的目录结构和链接结构 ....................................................13

    知识 2.5　信息的收集与整理 ............................................................................14

  任务二　创建本地站点 ...........................................................................................14

    操作 2.1　利用向导创建新站点 ........................................................................14

    操作 2.2　利用"高级"选项卡建立站点 ..........................................................17

  任务三　管理本地站点 ...........................................................................................18

    操作 2.3　管理站点文件及文件夹 ....................................................................18

    操作 2.4　编辑和删除站点 ................................................................................19

  实训项目　创建站点 ...............................................................................................20

  知识拓展　深入了解网站基本概念 .......................................................................21

  项目小结 ...................................................................................................................21

  思考与练习 ...............................................................................................................21

**项目三　Dreamweaver CS3 的基础 HTML** ................................................................................ 24
　任务一　认识 HTML ................................................................................................................ 25
　　知识 3.1　HTML 的发展历史 ............................................................................................ 25
　　知识 3.2　HTML 的特点 .................................................................................................... 25
　任务二　HTML 标签的使用 .................................................................................................... 25
　　知识 3.3　认识 HTML 基本结构 ........................................................................................ 26
　　知识 3.4　认识文字类标签 ................................................................................................ 27
　　知识 3.5　认识段落和版面标签 ........................................................................................ 28
　　知识 3.6　认识超链接标签 ................................................................................................ 28
　　知识 3.7　认识表格标签 .................................................................................................... 30
　　知识 3.8　认识 HTML 表单标签 ........................................................................................ 31
　　知识 3.9　认识框架标签 .................................................................................................... 33
　　知识 3.10　认识图形标签 .................................................................................................. 34
　任务三　在 Dreamweaver 中编写 HTML ............................................................................... 35
　　操作 3.1　可视化编辑 HTML ............................................................................................. 35
　　操作 3.2　HTML 标签的快速操作 ..................................................................................... 36
　实训项目 .................................................................................................................................. 38
　　实训 3.1　掌握基本页面标签 ............................................................................................ 38
　　实训 3.2　掌握文字布局标签 ............................................................................................ 39
　　实训 3.3　掌握表格标签 .................................................................................................... 39
　　实训 3.4　掌握超链接标签 ................................................................................................ 40
　知识拓展　XML 与 HTML ...................................................................................................... 41
　项目小结 .................................................................................................................................. 41
　思考与练习 .............................................................................................................................. 41
**项目四　网页的基本操作** ........................................................................................................ 44
　任务一　新建网页 .................................................................................................................. 45
　　操作 4.1　创建新的空白文档 ............................................................................................ 45
　　操作 4.2　创建基于模板的文档 ........................................................................................ 46
　任务二　网页文本操作 .......................................................................................................... 47
　　知识 4.1　添加文本对象 .................................................................................................... 47
　　知识 4.2　格式化文本 ........................................................................................................ 47
　　操作 4.3　插入特殊文本 .................................................................................................... 50
　任务三　创建文字列表 .......................................................................................................... 50
　　操作 4.4　创建项目列表 .................................................................................................... 50
　　操作 4.5　创建编号列表 .................................................................................................... 51
　　操作 4.6　创建嵌套列表 .................................................................................................... 52
　任务四　插入图像 .................................................................................................................. 52
　　操作 4.7　插入图像 ............................................................................................................ 52

　　知识4.3　设置图像属性 ....................................................................................53

任务五　插入多媒体对象 ..........................................................................................54

　　操作4.8　插入 Flash 对象 ................................................................................54

　　操作4.9　设置其他多媒体文件 ........................................................................55

任务六　设置网页属性 ..............................................................................................55

　　知识4.4　网页的基本属性 ................................................................................55

　　操作4.10　使用页面属性对话框 ......................................................................55

实训项目 ......................................................................................................................56

　　实训4.1　"校园网"制作 ................................................................................56

　　实训4.2　台湾旅游网的制作 ............................................................................60

知识拓展　网站的配色原则 ......................................................................................62

项目小结 ......................................................................................................................63

思考与练习 ..................................................................................................................63

项目五　表格的运用 ....................................................................................................66

任务一　创建表格 ......................................................................................................67

　　操作5.1　在网页中插入表格 ............................................................................67

　　操作5.2　调整表格大小 ....................................................................................68

　　操作5.3　导入外部数据 ....................................................................................68

　　操作5.4　导出表格数据 ....................................................................................68

任务二　认识扩展表格模式 ......................................................................................68

　　知识5.1　认识扩展表格模式 ............................................................................68

　　操作5.5　进入和退出扩展表格模式 ................................................................68

任务三　运用布局表格布局网页 ..............................................................................69

　　知识5.2　认识布局视图 ....................................................................................69

　　操作5.6　创建布局表格和布局单元格 ............................................................69

　　操作5.7　编辑布局表格和布局单元格 ............................................................70

任务四　编辑表格 ......................................................................................................70

　　操作5.8　选择单元格 ........................................................................................70

　　操作5.9　合并与拆分单元格 ............................................................................71

　　操作5.10　设置表格整体属性 ..........................................................................71

　　操作5.11　设置单元格属性 ..............................................................................72

实训项目 ......................................................................................................................72

　　实训5.1　"奥运网"制作 ................................................................................72

　　实训5.2　"篮球爱好者网"制作 ....................................................................76

知识拓展　表格的高级操作：制作圆角表格 ..........................................................83

项目小结 ......................................................................................................................84

思考与练习 ..................................................................................................................85

项目六　超级链接的设置 ..................................................................................................... 88

　　任务一　认识超级链接 ....................................................................................................... 89

　　　　知识 6.1　超级链接的定义 ............................................................................................ 89

　　　　知识 6.2　超级链接的分类 ............................................................................................ 89

　　任务二　创建超级链接 ....................................................................................................... 89

　　　　操作 6.1　创建文本超级链接 ........................................................................................ 89

　　　　操作 6.2　创建图像超级链接 ........................................................................................ 91

　　　　操作 6.3　创建电子邮件超级链接 ................................................................................ 91

　　　　操作 6.4　锚记链接 .................................................................................................... 92

　　　　操作 6.5　创建热点链接 .............................................................................................. 92

　　任务三　创建导航条 ........................................................................................................... 93

　　　　操作 6.6　插入导航条 ................................................................................................. 93

　　　　操作 6.7　编辑导航条 ................................................................................................. 94

　　实训项目 ............................................................................................................................. 95

　　　　实训 6.1　"集邮网"网站制作 .................................................................................... 95

　　　　实训 6.2　制作"中国的世界文化遗产" .................................................................... 98

　　知识拓展　特殊的链接 ....................................................................................................... 99

　　项目小结 ........................................................................................................................... 100

　　思考与练习 ....................................................................................................................... 100

项目七　网页高级布局 ......................................................................................................... 102

　　任务一　网页布局的原则 ................................................................................................. 103

　　　　知识 7.1　网页布局的基本步骤 ................................................................................ 103

　　　　知识 7.2　网页布局的基本原则 ................................................................................ 103

　　任务二　运用 AP Div 布局网页 ...................................................................................... 106

　　　　操作 7.1　创建 AP Div ............................................................................................. 107

　　　　知识 7.3　设置 AP Div 的属性 ................................................................................. 107

　　　　操作 7.2　AP 元素与表格之间的转换 ...................................................................... 108

　　任务三　运用框架布局网页 ............................................................................................. 110

　　　　知识 7.4　认识框架与框架集 .................................................................................... 110

　　　　操作 7.3　框架集的基本操作 .................................................................................... 110

　　　　操作 7.4　框架的基本操作 ........................................................................................ 111

　　　　操作 7.5　设置框架与框架集的属性 ........................................................................ 112

　　实训项目 ........................................................................................................................... 113

　　　　实训 7.1　制作"人才招聘网站" ............................................................................ 113

　　　　实训 7.2　"美食街"网站制作 ................................................................................ 118

　　知识拓展　灵活利用 AP Div 制作动态效果 .................................................................. 122

　　项目小结 ........................................................................................................................... 123

　　思考与练习 ....................................................................................................................... 123

**项目八  CSS 样式表** .................................................................... 125

**任务一  认识 CSS 样式表** ........................................................ 126

知识 8.1  CSS 样式的基本概念 .............................................. 126

知识 8.2  认识 CSS 样式面板 ................................................ 126

**任务二  创建和使用 CSS 样式** ................................................ 127

操作 8.1  创建和应用自定义 CSS 样式 .................................. 127

操作 8.2  重新定义特定标签样式 .......................................... 128

操作 8.3  编辑 CSS 样式 ....................................................... 128

**任务三  CSS 样式定义的选项设置** ........................................... 129

操作 8.4  类型分类属性设置 .................................................. 129

操作 8.5  背景分类属性设置 .................................................. 129

操作 8.6  区块分类属性设置 .................................................. 130

操作 8.7  方框分类属性设置 .................................................. 130

操作 8.8  边框分类属性设置 .................................................. 131

操作 8.9  扩展分类属性设置 .................................................. 131

**实训项目** .................................................................................. 132

实训 8.1  "气象网"的制作 ................................................... 132

实训 8.2  重新制作"校园网" .............................................. 136

**知识拓展  在 HTML 中创建编辑样式表** ................................. 139

**项目小结** .................................................................................. 140

**思考与练习** .............................................................................. 140

**项目九  创建表单** ........................................................................ 143

**任务一  认识表单** .................................................................... 144

知识 9.1  表单简介 ................................................................ 144

知识 9.2  表单布局 ................................................................ 144

**任务二  创建表单元素** ............................................................. 144

操作 9.1  创建表单域 ............................................................ 144

操作 9.2  创建文本域 ............................................................ 145

操作 9.3  创建按钮 ................................................................ 147

操作 9.4  创建复选框 ............................................................ 148

操作 9.5  创建单选按钮 ......................................................... 148

操作 9.6  创建列表菜单框 ..................................................... 149

操作 9.7  创建 Spry 验证文本域 ........................................... 150

**实训项目** .................................................................................. 152

实训 9.1  "学员报名表"制作 .............................................. 152

实训 9.2  制作"读者调查表" .............................................. 161

**知识拓展  Web 应用程序的工作原理简介** ............................. 164

项目小结 ....................................................................................................................... 164

思考与练习 ................................................................................................................... 165

**项目十　行为的应用** ...................................................................................................... 168

　任务一　认识行为 ................................................................................................... 169

　　知识 10.1　行为概述 ........................................................................................... 169

　　知识 10.2　认识行为面板 ................................................................................... 171

　任务二　添加行为与事件 ....................................................................................... 171

　　操作 10.1　调用 JavaScript ................................................................................ 171

　　操作 10.2　弹出消息 ........................................................................................... 172

　　操作 10.3　打开浏览器窗口 ............................................................................... 173

　　操作 10.4　设置状态栏文本 ............................................................................... 173

　　操作 10.5　交换图像 ........................................................................................... 174

　任务三　添加时间轴 ............................................................................................... 174

　　知识 10.3　认识时间轴面板 ............................................................................... 174

　　操作 10.6　使用时间轴 ....................................................................................... 175

　实训项目 ................................................................................................................... 176

　　实训 10.1　"集邮网"的重新制作 ..................................................................... 176

　　实训 10.2　制作"旅游网" ............................................................................... 181

　知识拓展　JavaScript 语言与行为 ......................................................................... 186

　项目小结 ................................................................................................................... 187

　思考与练习 ............................................................................................................... 187

**项目十一　模板和库** ...................................................................................................... 189

　任务一　使用模板 ................................................................................................... 190

　　知识 11.1　模板的定义及作用 ........................................................................... 190

　　知识 11.2　认识资源面板 ................................................................................... 190

　　操作 11.1　创建模板 ........................................................................................... 190

　　操作 11.2　编辑模板 ........................................................................................... 192

　　操作 11.3　利用模板制作网页 ........................................................................... 193

　　操作 11.4　管理网站中模板 ............................................................................... 194

　任务二　使用库 ....................................................................................................... 194

　　知识 11.3　关于库 ............................................................................................... 194

　　操作 11.5　创建库项目 ....................................................................................... 194

　　操作 11.6　修改库项目 ....................................................................................... 195

　　操作 11.7　使用库项目 ....................................................................................... 195

　实训项目 ................................................................................................................... 196

　　实训 11.1　"电脑销售网"制作 ......................................................................... 196

　　实训 11.2　制作"崂山风景网" ......................................................................... 199

知识拓展　模板和库的区别 .................................................................................. 202

项目小结 .................................................................................................................. 202

思考与练习 .............................................................................................................. 202

**项目十二　综合实训** ............................................................................................... 204

实训　网站设计 ...................................................................................................... 205

# Dreamweaver CS3 入门

　　Dreamweaver CS3 是 Macromedia 被 Adobe 收购后推出的最新版本的网页设计软件。作为经典的网页三剑客成员之一，Dreamweaver 是广大网页爱好者和专业人员进行网页编程、网页制作的首选。而现在推出的 CS3 版本，更是凭借其高度的集成性、便捷的操作性以及对最新 Web 技术的支持，日益受到网页开发者们的青睐。

## 任务目标

- ◆ 了解 Dreamweaver CS3
- ◆ 完成 Dreamweaver CS3 安装
- ◆ 熟悉 Dreamweaver CS3 的工作界面

## 任务一　了解Dreamweaver CS3

### 知识 1.1　Dreamweaver CS3 简介

Dreamweaver CS3 是世界上最优秀的可视化网页设计制作工具和网站管理工具之一，支持最新的 Web 技术，包含 HTML 检查、HTML 格式控制、HTML 格式化选项、HomeSite/BBEdit 捆绑、可视化网页设计、图像编辑、全局查找替换、全 FTP 功能、处理 Flash 和 Shockwave 等富媒体格式和动态 HTML、基于团队的 Web 创作。在编辑上提供直观的可视化界面和简化的源码环境供操作者选择。

借助 Adobe Dreamweaver CS3 软件，可以快速、轻松地完成设计、开发及维护网站和 Web 应用程序的全过程。Dreamweaver CS3 是为设计人员和开发人员而构建的，与 Adobe Photoshop CS3、Adobe Illustrator CS3、Adobe Fireworks CS3、Adobe Flash CS3 Professional 和 Adobe Contribute CS3 软件的智能集成确保在使用者喜爱的工具上有一个有效的工作流。

### 知识 1.2　Dreamweaver CS3 新功能

Adobe Dreamweaver CS3 新功能包含 CSS 工具，用于构建动态用户界面的 Ajax 组件，以及与其他 Adobe 软件的智能集成。

**1. 适合于 Ajax 的 Spry 框架**

使用适合于 Ajax 的 Spry 框架，以可视方式设计、开发和部署动态用户界面。在减少页面刷新的同时，增加交互性、速度和可用性。

（1）Spry 数据

使用 XML 从 RSS 服务或数据库将数据集成到 Web 页中。集成的数据很容易进行排序和过滤。

（2）Spry 窗口组件

借助来自适合于 Ajax 的 Spry 框架的窗口组件，轻松地将常见界面组件（如列表、表格、选项卡、表单验证和可重复区域）添加到 Web 页中。

（3）Spry 效果

借助适合于 Ajax 的 Spry 效果，轻松地向页面元素添加视觉过渡，以使它们扩大选取、收缩、渐隐、高光等。

**2. Adobe Photoshop 和 Fireworks 集成**

直接从 Adobe Photoshop CS3 或 Fireworks CS3 复制和粘贴到 Dreamweaver CS3 中，以利用来自使用者已完成项目中的原型的资源。

**3. 浏览器兼容性检查**

借助全新的浏览器兼容性检查，节省时间并确保跨浏览器和操作系统的更加一致的体验。生成识别各种浏览器中与 CSS 相关的问题的报告，而不需要启动浏览器。

### 4. CSS Advisor 网站

借助全新的 CSS Advisor 网站（具有丰富的用户提供的解决方案和见解的一个在线社区），查找浏览器特定 CSS 问题的快速解决方案。

### 5. CSS 布局

借助全新的 CSS 布局，将 CSS 轻松合并到项目中。在每个模板中都有大量的注释解释布局，这样初级和中级设计人员可以快速学会。可以为项目自定义每个模板。

### 6. CSS 管理

轻松移动 CSS 代码：从行中到标题，从标题到外部表，从文档到文档，或在外部表之间。清除较旧页面中的现有 CSS 从未像现在这样容易。

### 7. CSS 增强功能

Dreamweaver 8 具有 HTML 格式化功能但没有 CSS 格式化，Dreamweaver CS3 中增加了 CSS 的格式化功能。

### 8. Adobe Device Central CS3

使用 Adobe Device Central（现在已集成到整个 Adobe Creative Suite® 3 中），设计预览和测试移动设备内容。

### 9. Adobe Bridge CS3

将 Adobe Bridge CS3 与 Dreamweaver 一起使用可以轻松、一致地管理图像和资源。通过 Adobe Bridge 能够集中访问项目文件、应用程序、设置以及 XMP 元数据标记和搜索功能。Adobe Bridge 凭借其文件组织和文件共享功能以及对 Adobe Stock Photos 的访问功能，提供了一种更有效的创新工作流程，使您可以驾驭印刷、Web、视频和移动等诸多项目。

## 任务二　完成Dreamweaver安装

### 操作 1.1　Dreamweaver CS3 的安装

**操作步骤**

1）双击 Dreamweaver CS3 的安装文件，就会出现以下画面，如图 1.1 所示。
2）单击"下一步"按钮，然后选择安装的位置，如图 1.2 所示。

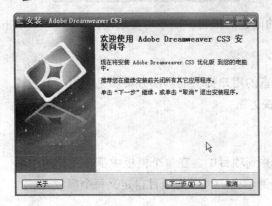

图 1.1　安装欢迎画面　　　　　　　　　　图 1.2　确认安装位置

3）确认完安装的位置路径后，设定是否添加桌面快捷方式，如图 1.3 所示。

4）再单击"下一步"按钮后，将显示前面所设定的安装信息，如图 1.4 所示。确认后再单击"安装"按钮，即开始软件的安装。

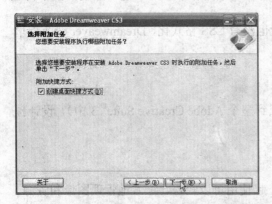

图 1.3　是否添加桌面快捷方式　　　　　　图 1.4　显示安装设定信息

5）系统开始逐项解压缩文件并复制到指定路径，进行全面安装，如图 1.5 所示。

6）出现如图 1.6 所示画面后，单击"完成"按钮，即完成了 Dreamweaver CS3 的安装。

图 1.5　开始安装软件　　　　　　　　　　图 1.6　软件安装结束画面

## 操作 1.2 首次运行 Dreamweaver CS3

 **操作步骤**

1）双击桌面上生成的 **Dw** 图标，启动 Dreamweaver CS3。

2）Dreamweaver CS3 在首次运行时，会出现下面的窗口，如图 1.7 所示。要求操作者设定默认的编辑器，可根据需要进行选择。

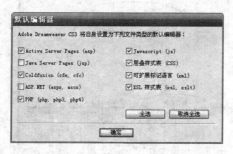

图 1.7　设定默认编辑器窗口

3）单击"确定"后，就会出现 Dreamweaver CS3 的初始页画面，如图 1.8 所示。现在操作者就可以使用该软件了。

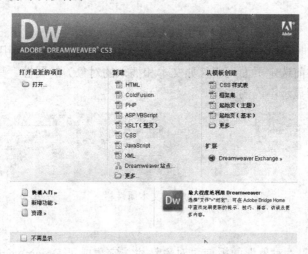

图 1.8　Dreamweaver CS3 的开始页画面

# 任务三　熟悉Dreamweaver CS3 的工作界面

## 操作 1.3　认识文档窗口和状态栏

启动 Dreamweaver CS3 后，双击打开任意一个网页文件，此时的 Dreamweaver CS3 文档窗口，如图 1.9 所示。

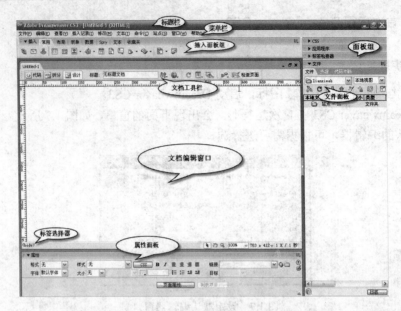

图 1.9  Dreamweaver CS3 的文档窗口

## 操作 1.4  认识"属性"栏和"插入"栏

### 1."属性"栏

"属性"栏也叫属性检查器或"属性"面板,如图 1.10 所示。利用"属性"栏可以显示和编辑调整当前选定页面元素(如文本和插入的对象)的属性。其内容会自动根据不同的选定元素而显示不同的选项。

图 1.10  文本属性栏

### 2."插入"栏

"插入"栏也叫"对象"面板或"对象"栏。它集成了 Dreamweaver CS3 中的"插入"菜单中的所有插入对象命令。其显示状态仍然为制表符和菜单两种外观效果,制表符状态的"插入"栏如图 1.11 所示,菜单状态的"插入"栏如图 1.12 所示。

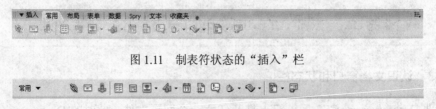

图 1.11  制表符状态的"插入"栏

图 1.12  菜单状态的"插入"栏

如果要将制表符状态切换到菜单状态,可单击 ，弹出的快捷菜单如图 1.13 所示,单击其中的"显示为菜单"菜单命令。

如果要将菜单状态切换到制表符状态,可单击 常用 ，弹出的下拉菜单如图 1.14 所示,单击其中的"显示为制表符"菜单命令。

图 1.13　快捷菜单　　　　　　图 1.14　下拉菜单

"插入"栏包括了"常用"、"布局"、"spry"等 7 个标签项或与 7 个标签名称相同的菜单命令,一般常用制表符状态下的"插入"栏。

## 操作 1.5　面板及面板的基本操作

### 1. 面板介绍

面板组是一个标题下面的相关面板的集合,面板组中选定的面板显示为一个选项卡。面板是非常重要的网页处理辅助工具,它具有随着调整即可看到效果的特点,由于可以随意地拆分、组合和移动,也把它们叫做浮动面板。Dreamweaver CS3 默认的面板组有以下 4 个:

1）CSS 面板组:主要提供交互式网页设计和网页格式化的工具,如图 1.15 所示。

图 1.15　CSS 面板组

2）"应用程序"面板组:主要提供动态网页设计和数据库管理的工作,如图 1.16 所示。

3）"标签检查器"面板组:主要方便代码的调试,如图 1.17 所示。

4）"文件"面板组:主要提供管理站点的各种资源,如图 1.18 所示。

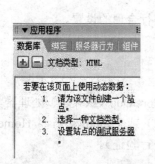  

图 1.16　"应用程序"面板组　　　图 1.17　"标签检查器"面板组　　　图 1.18　"文件"面板组

## 2. 面板的基本操作

### （1）展开和折叠

Dreamweaver CS3 的每个浮动面板组都具有展开与折叠的功能，单击面板组左上角的三角标记▶即可展开与折叠浮动面板组。

### （2）移动

将鼠标指向浮动面板左上角组的标签，当鼠标指针变成 4 个方向箭头的图标时，便可移动浮动面板组。利用这种方法可将浮动面板组拖离浮动面板组停靠区，或将浮动面板组拖入浮动面板组停靠区。

### （3）重新组合

选中浮动面板组中某个选项，单击浮动面板组右上角的 按钮，打开下拉菜单，并在级联菜单中选择与当前浮动面板组合的浮动面板，可重新组合浮动面板，如图 1.19 所示。用户可以根据自己的喜好，将不同的浮动面板重新组合，达到更实用的界面设计。

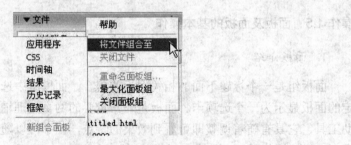

图 1.19　重新组合浮动面板组

 实训项目

### 实训 1.1　掌握 Dreamweaver CS3 的安装

【实训目的】

1）掌握 Dreamweaver CS3 的安装过程。

2）可参考本实训提示，自己结合相似软件的安装，能进行合理的设置。

【实训提示】

1）安装环境。

最低配置：

CPU：Intel Pentium 4、Intel Centrino、Intel Xeon 或 Intel Core Duo（或兼容）处理器。

操作系统：Microsoft Windows XP（带有 Service Pack 2）或 Windows Vista Home Pentium、Business、Ultimate 或 Enterprise（已为 32 位版本进行验证）。

内存：至少 512MB。

硬盘：至少 1GB 的可用硬盘空间（在安装过程中需要其他可用空间）。

显示器：1024×768 分辨率的显示器（带有 16 位视频卡）。

其他配置：DVD-ROM 驱动器；多媒体功能需要 QuickTime 7 软件；需要宽带 Internet 连接，以使用 Adobe Stock Photos 和其他服务。

2）安装路径的设置。

一般操作者在安装软件时，往往采用的是默认路径。Dreamweaver CS3 的安装路径默认为"C：\Program Files\Adobe\Adobe Dreamweaver CS3"，但是通常情况下，为了以后网站建设的方便，一般建议将软件安装在"D：\Adobe\Adobe Dreamweaver CS3"路径下。

## 实训 1.2 掌握面板及面板的基本操作

**【实训目的】**

1）掌握面板的基本组成。

2）掌握常用面板的基本操作。

3）可参考本实训提示，能熟练设置面板。

**【实训提示】**

1）在 Dreamweaver CS3 中默认有 4 个面板，也可以通过查看"窗口"菜单，进行所需面板的选择。

2）面板组的基本操作：展开和折叠、移动、重新组合浮动面板。可参考前面操作 1.3 的步骤。

 **知识拓展 Dreamweaver CS3 工作流程的改进**

本项目主要介绍 Dreamweaver CS3 中进行 Web 站点设计制作工作流程的一种常用方式，如图 1.20 所示，操作者可以根据自身情况进行参考。

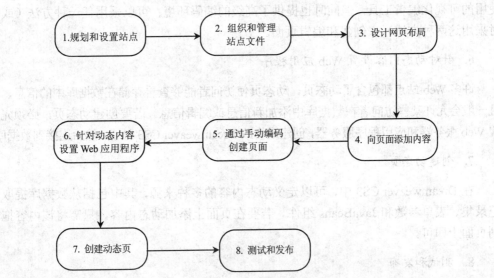

图 1.20 Web 站点设计制作工作流程

### 1．规划和设置站点

确定在哪里发布文件，检查站点要求、访问者情况以及站点目标。此外，还应考虑诸如用户访问以及浏览器、插件和下载限制等技术要求。在组织好信息并确定结构后，就可以开始创建站点。

### 2．组织和管理站点文件

在"文件"面板中，可以方便地添加、删除和重命名文件及文件夹，以便根据需要更改组织结构。在"文件"面板中还有许多工具，可以管理站点，向远程服务器传输文件，设置"存回/取出"过程来防止文件被覆盖，以及同步本地和远程站点上的文件等。使用"资源"面板可以将大多数资源直接从"资源"面板拖到 Dreamweaver CS3 文档中。

### 3．设计网页布局

选择要使用的布局方法，或综合使用 Dreamweaver CS3 布局选项创建站点的外观。可以使用 Dreamweaver AP 元素、CSS 定位样式或预先设计的 CSS 布局来创建布局。利用表格工具，可以通过绘制并重新安排页面结构来快速地设计页面。最后，还可以基于 Dreamweaver CS3 模板创建新的页面，然后在模板更改时自动更新这些页面的布局。

### 4．向页面添加内容

除添加资源和设计元素等基本操作外，Dreamweaver CS3 还提供相应的行为以便为响应特定的事件而执行任务，以及提供工具来最大限度地提高 Web 站点的性能，并测试页面以确保能够兼容不同的 Web 浏览器。

### 5．通过手动编码创建页面

手动编写 Web 页面的代码是创建页面的另一种方法。Dreamweaver CS3 提供了易于使用的可视化编辑工具，但同时也提供了高级的编码环境；可以采用任一种方法（或同时采用这两种方法）来创建和编辑页面。

### 6．针对动态内容设置 Web 应用程序

许多 Web 站点都包含了动态页，动态页使访问者能够查看存储在数据库中的信息，并且一般会允许某些访问者在数据库中添加新信息或编辑信息。若要创建动态页，必须先安置 Web 服务器和应用程序服务器，创建或修改 Dreamweaver CS3 站点，然后连接到数据库。

### 7．创建动态页

在 Dreamweaver CS3 中，可以定义动态内容的多种来源，其中包括从数据库提取的记录集、表单参数和 JavaBeans 组件。若要在页面上添加动态内容，只需将该内容拖动到页面上即可。

### 8．测试和发布

测试页面是在整个开发周期中进行的一个持续的过程。在该工作流程的最后，就可

以在服务器上发布该站点了。

 项目小结

在进行网页设计时，首先要对 Dreamweaver CS3 的工作流程和环境有一个全面的了解，这样才能在以后的设计过程中胸有成竹，熟练操作。本项目就是要让操作者能够根据自身的设计要求先创造一个适合的环境，为后面站点的全面建设打好基础。

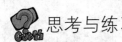 思考与练习

一、选择题

1. （　　）是 Dreamweaver CS3 新增的功能。
   A. 用 Ajax 的 Spry 框架进行动态用户界面的可视化设计、开发和部署
   B. 进行可视化 Web 页设计
   C. 能使用 CSS 样式
   D. Dreamweaver CS3 有属性面板

2. 安装 Dreamweaver CS3 需要（　　）的内存。
   A. 32MB　　　　B. 256MB　　　　C. 512MB　　　　D. 1GB

3. 安装 Dreamweaver CS3 对显示器分辨率的要求是（　　）。
   A. 800×600　　B. 1152×864　　C. 1024×768　　D. 1280×720

4. （　　）面板不是 Dreamweaver CS3 默认的面板组。
   A. CSS　　　　B. 行为　　　　C. 标签检查器　　D. 应用程序

5. Dreamweaver CS3 的"插入"栏包括了（　　）个标签项。
   A. 5　　　　B. 6　　　　C. 7　　　　D. 8

6. 在 Dreamweaver 中，插入栏面板的显示方式有（　　）种。
   A. 1　　　　B. 2　　　　C. 3　　　　D. 4

二、填空题

1. "插入"栏有_____和_____两种状态。

2. Dreamweaver CS3 的工作流程一般包括_____、_____、_____、_____、_____、_____、_____和_____等 8 步骤。

三、简答题

1. 面板组默认的面板有哪几个？
2. Dreamweaver CS3 的工作流程是怎样的？
3. Dreamweaver CS3 安装路径的设置。

四、操作题

根据自己的需要，设计一个个性化的面板组。

# 项目二

# 站点策划与管理

通常，网页中除了文字以外，还应该包含图片、声音、动画等内容。这些资料都应该在确定网站主题后，制作网页之前准备好，并存放在一个专门的文件夹中。因此通常在设计制作网页之前，网站开发者需要先建立站点，其作用就是将网页中的相关内容存放进去，便于以后网页文件的规范管理与维护。可以说，站点就是整个的网站，它是一个在计算机上创建的多级文件夹，在各个文件夹中保存着所有的相关网页文件，为以后修改、查找和管理提供方便。所以，站点的策划与管理，是进行下一步网页制作的重要前提。

### 任务目标

◆ 了解站点策划的一般流程
◆ 掌握创建本地站点的步骤
◆ 灵活运用向导创建站点以及管理

# 任务一 了解网站策划基础

## 知识 2.1 网站定位

所谓网站定位就是网站在 Internet 上扮演什么角色，要向目标群（访问者）传达什么样的核心概念，透过网站发挥什么样的作用。因此，网站定位相当关键，有了定位就有了明确的目标，创建者必须要有精准的定位才有可能把网站做好。所以我们首先要把网站的主题和名称确定下来，给网站以精确的定位。

## 知识 2.2 网站风格与形象

一个杰出的网站和实体公司一样，也需要整体的形象包装和风格设计。准确的、有创意的风格与形象设计，对网站的宣传推广有事半功倍的效果。在网站的主题和名称定下来之后，需要思考的就是网站的风格与形象。保持统一的风格，使网站特点鲜明，突出主题，有助于加深访问者对你的网站的印象。例如标志、色彩、字体、标语等内容，是一个网站树立形象的关键。在制作时应该注意以下几点：

1）风格统一：在网页上重复出现标识网站特征的某些对象。

2）使用模板和库：快速批量创建相同风格的网页。

## 知识 2.3 网站的栏目与版块

在定位了网站主题和确立网站的风格与形象之后，还不能急于进入实质性的设计制作阶段。建立一个网站好比建一座楼房，首先要设计好框架图纸，才能使楼房结构合理。所以我们在这时应该考虑确定网页的栏目和版块。

在划分栏目时，需要注意以下几点：

1）删除与主题无关的栏目。

2）将网站最有价值的内容列在栏目上。

3）方便访问者的浏览和查询。

版块比栏目的概念要大一些，每个版块都有自己的栏目。比如网易的站点，分为新闻、体育、财经、娱乐、教育等版块，每个版块下面有各有自己的主栏目。一般的个人站点内容少，只有主栏目（主菜单）就够了，不需要设置版块。在有必要设置版块的情况下，应该注意以下几方面：

1）各版块要有相对独立性。

2）各版块要相互关联。

3）版块的内容要围绕站点主题。

## 知识 2.4 确定网站的目录结构和链接结构

网站的目录是指你建立网站时创建的目录。目录结构的好坏，对浏览者来说并没有明显影响，但是对于站点本身的上传维护、内容未来的扩充和移植却有着重要的影响。合理的站点结构可以加快对站点的设计，提高工作效率。

建立目录结构时应注意的地方有：

1）用文件夹保存文档：首先建一个根文件夹，然后在其中建若干子文件夹，分类存放网站全部文档。

2）使用合理的文件名：文件夹名称与文件名称使用容易理解网页内容的英文名（或拼音），最好不要使用大写字母或中文。这是由于很多网站使用 Unix 操作系统，该操作系统对大小写敏感，且不能识别中文文件名。

3）合理分配文档资源：按栏目内容建立子目录，目录的层次不要超过 3 层，不同的对象放在不同的文件夹中，不要将与网页制作无关的文件放置在该文件夹中。

4）尽量使用意义明确的目录：例如可以用 Flash、Dhtml、JavaScript 来建立目录，也可以用 1、2、3 建立目录，但更便于记忆和管理的显然是前者。

### 知识 2.5　信息的收集与整理

确定好站点目标和结构之后，接下来要做的就是收集有关网站的资源，其中包括以下资源：

1）文字资料：文字是网站的主题。无论是什么类型的网站，都要离不开叙述性的文字。离开了文字即使图片再华丽，浏览者也不知所云。所以要制作一个成功的网站，必须要提供足够的文字资料。

2）图片资料：网站的一个重要要求就是图文并茂。如果单单有文字，浏览者看了不免觉得枯燥无味。文字的解说再加上一些相关的图片，让浏览者能够了解更多的信息，更能增加浏览者的印象。

3）动画资料：在网页上插入动画可以增添页面的动感效果。现在 Flash 动画在网页上应用的相当多，所以建议大家应该学会 Flash 制作动画的一些知识。

4）其他资料：例如网站上的应用软件，音乐网站上的音乐文件等。这些内容可以通过多种途径建立获得，如图片素材就可以通过从网络上下载、使用扫描仪扫描、使用数码摄像机拍摄等多种途径获得，注意这些内容要符合所做网站的风格。收集过程完成后还要对素材进一步整理归类，方便以后制作网页过程中对素材的使用或者修改。

## 任务二　创建本地站点

### 操作 2.1　利用向导创建新站点

在创建站点之前，我们应该首先在我们的磁盘上创建一个文件夹，用于存放站点内的所有资源，当然如果站点资源比较丰富，可以建立子文件夹存放站点内相应的资源。例如：站点文件夹为 my web，子文件夹 images 用于存放站点内用到的图片，up files 用于存放上传的文件，admin 用于存放站点后台程序等。

Dreamweaver CS3 是一个站点创建和管理工具，使用它不仅可以创建单独的文档，还可以创建完整的 Web 站点。使用 Dreamweaver CS3 的向导来进行站点的创建步骤如下：

1）选择"站点"、"新建站点"，出现"站点定义"对话框，如图 2.1 所示。

2）单击"基本"选项卡以使用"站点定义向导"。出现"站点定义向导"的第一个界面，要求你为站点输入一个名称。在文本框中输入一个名称以在 Dreamweaver CS3 中标识该站点，该名称可以是任何所需的名称。例如，可以将站点命名为"我的个人主页"，如图 2.2 所示。

图 2.1 "新建站点"菜单选项

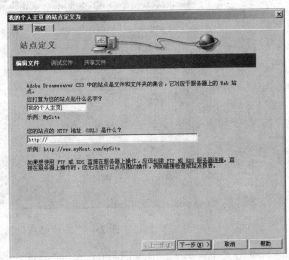

图 2.2 "新建站点"第一步

3）单击"下一步"，出现向导的第二部分，询问是否要使用服务器技术。此处选择"否"选项，指示目前该站点是一个静态站点，没有动态页，如图 2.3 所示。

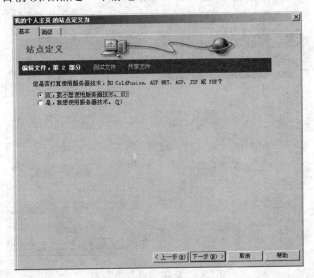

图 2.3 "新建站点"第二步

4）单击"下一步"。出现向导的第三部分，询问如何使用文件，如图 2.4 所示。此处选择标有"编辑我的计算机上的本地副本，完成后再上传到服务器（推荐）"的选项。在站点开发过程中有多种处理文件的方式，初学网页制作时可以选择此选项。下方文本框询问把文件存储在计算机上的什么位置，单击该文本框旁边的文件夹图标。随即会出现"选择站点的本地根文件夹"对话框，例如可以选择桌面上的"我的个人主页"文件夹。

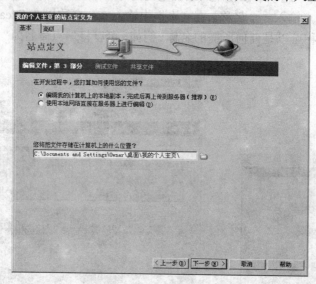

图 2.4 "新建站点"第三步

5）单击"下一步"，出现向导的下一个界面，询问如何连接到远程服务器。从弹出式菜单中选择"无"，可以稍后设置有关远程站点的信息。目前，本地站点信息对于开始创建网页已经足够了，如图 2.5 所示。

图 2.5 "新建站点"第四步

6）单击"下一步"，下一个界面将显示显示出设置总结，如图 2.6 所示。

单击"完成"完成设置。随即出现"管理站点"对话框，显示出新站点。单击"完成"关闭"管理站点"对话框。现在就为站点定义了一个本地根文件夹。下一步就可以编辑自己的网页了，如图 2.7 所示。

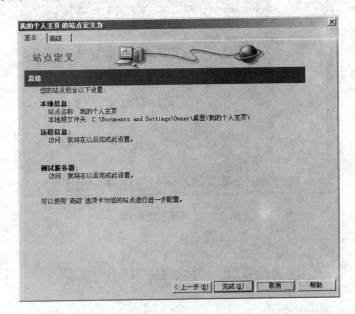

图 2.6　"新建站点"总结

图 2.7　显示本地根文件夹

## 操作 2.2　利用"高级"选项卡建立站点

 操作步骤

1）选择"站点"、"新建站点"，出现"站点定义"对话框。

2）单击"高级"选项卡以使用"高级"设置，在出现的"站点定义"对话框中选择选项"本地信息"，如图 2.8 所示，输入下列选项。

①"站点名称"：为站点输入一个名称。

②"本地根文件夹"：指定将本地磁盘上的某文件夹作为存放站点文件的地方。

③"HTTP 地址"：输入完成的 Web 站点将要使用的 URL。

④"缓存"：是否创建本地缓存以加快链接和站点管理任务的速度。

单击"确定"，创建好站点后，系统自动打开 Site（站点）窗口。

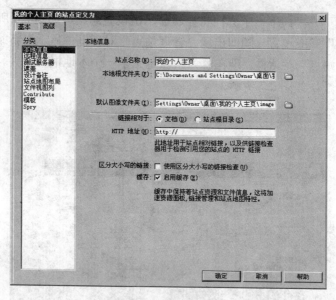

图 2.8　"高级"选项卡

## 任务三　管理本地站点

### 操作 2.3　管理站点文件及文件夹

不管用户是创建空白的文档，还是利用原有的文档构建站点，都有可能会需要对站点中的文件夹或文件进行编辑。利用文件窗口，可以对本地站点中的文件夹和文件进行创建、删除、移动和复制等。

在本地站点中创建文件夹的步骤如下：在文件窗口的本地站点文件列表中，右键单击准备新建文件夹的父级文件夹。在弹出的菜单中选择"新建文件夹"选项，即可在其子目录中新建一个文件夹。文件夹创建后，可以对其进行名称修改编辑，如图 2.9、图 2.10 所示。

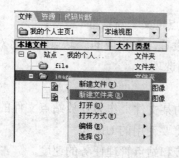

图 2.9　在站点中新建文件夹目录

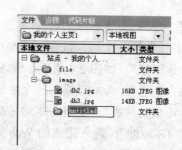

图 2.10　为新建文件夹改名

如果要创建文件，只需要重复上述步骤，并在弹出的菜单中选择"新建文件"选项，即可在鼠标单击的位置新建一个文件，如图 2.11 所示。

在文件面板中，也可以利用剪切、复制和粘贴等操作轻松实现文件或文件夹的移动和复制。方法是在本地站点文件列表中通过鼠标右键单击要修改的文件或文件夹，移动鼠标指向"编辑"选项，在弹出的下一级菜单中进行操作，如图 2.12 所示。

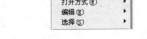
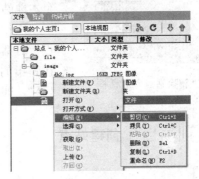

图 2.11　在站点中新建文件　　　　图 2.12　对文件或文件夹进行各种编辑

如果要进行复制操作，可在"编辑"菜单中选择"复制"命令；如果要进行移动操作，即可以选择"剪切"命令，然后找到目标文件夹，再次在刚才的列表中选择"粘贴"命令来实现；如果要对文件或文件夹进行删除，即可在"编辑"菜单中选择"删除"命令来实现。

## 操作 2.4　编辑和删除站点

（1）在创建了站点之后，还可以对站点的属性进行编辑，方法如下：

1）在菜单栏单击"站点"菜单，在下一级菜单中选择"管理站点"命令项，弹出"管理站点"对话框，如图 2.13 所示。

2）从列表中选择要编辑的站点名称，单击"编辑"按钮，即打开"我的个人主页 1 的站点定义为"对话框，用户可以在该对话框中对本地站点进行编辑，如图 2.14 所示。

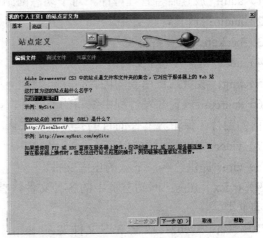

图 2.13　"管理站点"对话框　　　　图 2.14　重新打开"站点定义"对话框

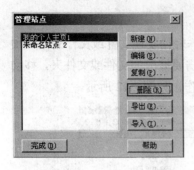

图 2.15 "删除站点"对话框

3）编辑完毕，单击"确定"按钮，返回"管理站点"对话框，单击"完成"按钮，关闭定义站点对话框，即完成编辑操作。

（2）如果不再需要利用 Dream weaver CS3 对某个本地站点进行操作，即可将其从站点列表中删除

操作如下：选择要删除的本地站点，在"管理站点"对话框中单击"删除"按钮。如图 2.15 所示，在弹出的是否要删除本地站点提示对话框中，选择"是"，即可删除站点。

 实训项目    创建站点

## 【实训目的】

1）掌握利用"站点定义"创建站点的方法。

2）掌握管理站点内部文件的方法。

3）掌握编辑站点的方法。

4）可参考本实训提示，对站点进行管理，注意结构清晰分明。

## 【实训提示】

一般来说，一个站点包含的文件很多，大型站点更是如此，如果将所有的文件混杂在一起，则整个站点显得杂乱无章，自己看起来也很不舒服且不易管理，因此需要对站点的内部结构进行规划。应该将各个文件分门别类地放到不同的文件夹下，这样可以使整个站点结构看起来条理清晰，井然有序，使人们通过浏览站点的结构，就可知道该站点大概内容。这样做主要是为网页设计人员在修改管理页面文件时提供方便。在电脑里除 C 盘外要新建一个站点的文件夹，命名如 Myweb，然后可以在站点文件夹里再新建几个如下的文件夹。

1）adm：放置后台管理程序，对于动态网站是少不了的一个文件夹。

2）audio：放置音频文件。

3）backup：放置备份文件。

4）doc：放置 Word 文档。

5）img：放置站点用到的图片。

6）source：放置开发过程中编写的源文件，如 Flash、Photoshop 等编辑、未合并图层之前的图片，保留源文件的目的是方便将来修改编辑。

7）video：放置视频文件。

8）zip：提供给客户下载的压缩文件。

9）index、files：网站首页中的各种文件，首页使用率最高，为它单独建一个文件夹很有必要。

10）web、web2：放置 Web 文件夹。

这是文件夹通常命名情况，如果记不住它，也可以自己重新命名，但不要用中文。

知识拓展　　深入了解网站基本概念

Internet 服务器：我们浏览的网页都是放在 Internet 服务器上的。Internet 服务器就是提供 Internet 服务（如 WWW、FTP、E-mail 等）的计算机，当用户浏览网页时，实际上是由自己的计算机向 Internet 服务器发出一个请求，对方的计算机在收到请求后，将所需内容发送给发出请求的计算机。对于 WWW 浏览服务来说，Internet 服务器主要用于存储所浏览的站点和网页。

本地计算机：浏览网页的客户所用的计算机称为本地机，本地计算机与服务器之间通过各种线路（光缆、网线、电话线）和各种中间环节进行连接，实现相互通信。

站点：站点用于存储提供给用户浏览的网页文件。它也是一种文档的磁盘组织形式，由文档和若干文件夹组成，文档经过组织分类分别放在不同的文件夹中。

本地站点与远端站点：存储在本地计算机上的站点是本地站点，存储在 Internet 服务器上的站点和相关文档称为远端站点。

Internet 服务程序：有些情况下（例如站点中包含 ASP 程序），仅在本地机上是无法对站点进行完整测试的。此时需要依赖 Internet 服务程序。只有在本地机上安装了 Internet 服务程序，才能将本地机建成一台真正的 Internet 服务器（例如：在本地机上安装 PWS 或 IIS，即可将本地机建成一个 Internet 服务器）。

上载和下载：资源从 Internet 服务器上下传到本地机的过程称为下载，反之称为上载。

 项目小结

本章主要介绍了网站策划基础以及在 Dreamweaver CS3 中建立站点的方法。主要利用"站点定义"向导以及"高级选项卡"来建立站点，建立站点过程中要明确注意的事项，才不会在后期的网页制作过程中出现问题。站点建立之后还可以利用站点管理功能对站点进行灵活的设置以及修改，尽量让站点结构清晰明确，便于管理。

 思考与练习

一、选择题

1. 若要编辑 Dreamweaver CS3 站点，可采用的方法是（　　）。
   A. 选择"站点"、"编辑站点"，选择一个站点，单击"编辑"
   B. 在站点面板中，切换到要编辑的站点窗口中，双击站点名称
   C. 选择"站点"、"打开站点"，然后选择一个站点
   D. 在"属性面板"中进行站点的编辑
2. 使用 Dreamweaver CS3 创建网站的叙述，不正确的是（　　）。
   A. 站点的命名最好用英文或英文和数字组合
   B. 网页文件应按照分类分别存入不同文件夹

C．必须首先创建站点，网页文件才能够创建

  D．静态文件的默认扩展名为.htm 或.html

3．以下关于网页文件命名的说法错误的是（　　）。

  A．使用字母和数字，不要使用特殊字符

  B．建议使用长文件名或中文文件名以便更清楚易懂

  C．用字母作为文件名的开头，不要使用数字

  D．使用下划线或破折号来模拟分隔单词的空格

4．文档标题可以在（　　）对话框中修改。

  A．首选参数　　　　　　　　B．页面属性

  C．编辑站点　　　　　　　　D．标签编辑器

5．以下方法中，不可以指定主浏览器的是（　　）。

  A．选择"文件"、"在浏览器中预览"、"编辑浏览器列表"

  B．在"文档"工具栏上单击"在浏览器中预览"（地球图标），然后选择"编辑浏览器列表"

  C．选择"编辑"、"首选参数"，然后从左侧的"分类"列表中选择"在浏览器中预览"

  D．按快捷键 Alt+F+P

6．一般情况下，创建完全空白的静态页面应选择（　　）。

  A．基本页类别中的"HTML 模板"选项

  B．基本页类别中的"HTML"选项

  C．动态页类别中的选项

  D．入门页面中的选项

7．下列选项不能在网页的"页面属性"中进行设置的是（　　）。

  A．文档编码

  B．背景颜色、文本颜色、链接颜色

  C．网页背景图及其透明度

  D．跟踪图像及其透明度

8．使用 Dreamweaver CS3 创建网站的叙述，不正确的是（　　）。

  A．站点的命名最好用英文或英文和数字组合

  B．网页文件应按照分类分别存入不同文件夹

  C．必须首先创建站点，网页文件才能够创建

  D．静态文件的默认扩展名为.htm 或.html

二、简答题

  1．如何在本地创建一个新站点？如何打开一个已有站点？如何对已有站点进行编辑？

  2．建立网站目录结构时应注意哪几个方面？

三、操作题

在 D 盘根目录下建立一个站点目录"my web001"，并在此站点根目录下建立相应的存放图片及其他文件的子目录，要求结构简洁明确，并利用"高级"标签在此目录下定义一个站点，站点名为"我的个人主页"。

# Dreamweaver CS3 的基础 HTML

HTML 自 1990 年产生后，几乎所有网页都是由 HTML 或嵌入到 HTML 中其他语言编写的，可以说 HTML 是编写网页的基础，用 HTML 编写的网页最早用于互联网上浏览信息，浏览器显示的内容无法改变，称为静态网页。后来随着互联网的发展，人们需要动态的交互信息，产生了动态网页，称为 DHTML，DHTML 主要有 HTML4、DOM（文档对象模型）、脚本语言（如 JavaScript、VBScript 等）、CSS 等组成，HTML 仍然是动态网页的核心部分。Dreamweaver CS3 是可视化网页编程工具，极大提高了编程效率，但 Dreamweaver CS3 也不能摆脱 HTML，相反提供更加人性化的 HTML 编辑视图，运用 HTML 编写网页更加方便，HTML 成为搭建复杂网站的架构性语言，因此，学习网页编程要首先学好 HTML，也为学好其他网页编程打好基础。

## 任务目标

◆ 了解 HTML 的发展历史、特点
◆ 掌握 HTML 语言的主要标签，如文字类标签、段落与版面类标签、表格标签、超链接标签、表单标签、框架标签和图像标签等
◆ 掌握在 Dreamweaver 中编写 HTML 的方法

## 任务一　认识HTML

HTML 的发展经历了不同的发展阶段，由简单到复杂，每个阶段的特点也不尽相同，标准的制定越来越规范。

### 知识 3.1　HTML 的发展历史

HTML（Hyper Text Markup Language 超文本标记语言）是一种用来制作超文本文档的简单标记语言。用 HTML 编写的超文本文档称为 HTML 文档，它能独立于各种操作系统平台（如 UNIX，Windows 等）。最初由蒂姆·本尼斯李（Tim Berners-Lee）于 1989 年研制出来，不同的组织先后推出 HTML 2.0、HTML 3.2、HTML 4.0 版本，2001 年之后，又推出了 XHTML 1.0、XHTML 2.0 版本，经过近 20 年的发展，HTML 成为一种成熟的超文本标记语言。

### 知识 3.2　HTML 的特点

HTML 作为定义万维网的基本规则之一，最初的设计者是这样考虑的：HTML 格式允许科学家们透明地共享网络上的信息，即使这些科学家使用的计算机差别很大。因此，这种格式具备如下几个特点：

1）HTML 是一种标记语言，它不需要编译，可以直接由浏览器执行（属于浏览器解释型语言）。

2）HTML 文件也可以说是一个文本文件，它包含了一些 HTML 元素、标签等，HTML 文件必须使用 HTML 或 htm 作为文件名后缀，如 test.htm。

3）HTML 编写的超文本文档（文件）称为 HTML 文档（网页），它能独立于各种操作系统平台，如 UNIX、Windows 等，并且可以通知浏览器显示什么，自 1990 年以来 HTML 就一直被用作互联网的信息表示语言，用于描述网页的格式设计和它与互联网上其他网页的连结信息。

4）HTML 描述的文件（网页），需要通过浏览器显示出效果，如 IE、Firefox 浏览器。

5）HTML 是大小写不敏感的，HTML 与 html 是一样的。

## 任务二　HTML标签的使用

HTML 文档有标签和要显示的内容组成的，标签成为 HTML 文档的基本结构重要部分，标签核心是标签格式和属性，掌握 HTML 编写网页我们首先要熟练使用标签的格式和属性。

### 知识 3.3  认识 HTML 基本结构

1）首先在记事本编写如下的代码。

```
<HTML>
<HEAD>
<TITLE> 一个简单的 HTML 示例 </TITLE>
</HEAD>
<BODY>
<CENTER>
<H1>欢迎光临我的主页</H1>
<BR>
<HR> 文件主体
<FONT SIZE= 7 COLOR= red>
这是我第一次做主页
</FONT>
</CENTER>
</BODY>
</HTML>
```

2）在 D: 盘下保存该文本文件，并命名为 jiegou.html。
3）双击 jiegou.htm 文件，在浏览器中显示如图 3.1 所示。

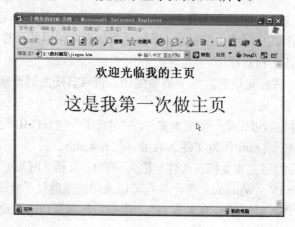

图 3.1  第一个主页

4）从浏览器中不难看出，源代码文件中各种标签不见了，已被浏览器解释执行，只显示需要的内容。现在对 HTML 文档中源代码进行分析如下：

① 一个 HTML 文档是由一系列的元素和标签组成，元素名不区分大小写，HTML 用标签来规定元素的属性和它在文件中的位置。

② <HTML>和</HTML>在文档的最外层，文档中的所有文本和 HTML 标签都包含在其中，它表示该文档是以超文本标识语言（HTML）编写的。

③ <HEAD>和</HEAD>是 HTML 文档的头部标签，在浏览器窗口中，头部信息是不被显示在正文中的，在此标签中可以插入其他标记，用以说明文件的标题和整个文件的一些公共属性，如包括网页题目、JavaScript 编写的程序等。

④ <TITLE>和</TITLE>是嵌套在<HEAD>头部标签中的，标签之间的文本是网页

标题，它被显示在浏览器窗口的标题栏。

⑤ <BODY>和</BODY>标记一般不省略，标签之间的文本是正文，是在浏览器要显示的页面内容。

⑥ <HTML>、<HEAD>、</HEAD>、</BODY>四个标签在 HTML 文档中具有唯一性，也构成 HTML 文档的基本架构。

## 知识 3.4　认识文字类标签

### 1. 标题文字标签<hn>

<hn>标签用于设置网页中的标题文字，被设置的文字将以黑体或粗体的方式显示在网页中。

标题标签的格式：

```
<hn align=参数>标题内容</hn>
```

说明：<hn>标签是成对出现的，<hn>标签共分为六级，在<h1></h1>之间的文字就是第一级标题，是最大最粗的标题；<h6></h6>之间的文字是最后一级，是最小最细的标题文字。align 属性用于设置标题的对齐方式，其参数为 left(左)、center(中)、right(右)。<hn>标签本身具有换行的作用，标题总是从新的一行开始。

### 2. 文字格式控制标签<font>

<font>标签用于控制文字的字体，大小和颜色。控制方式是利用属性设置得以实现的。格式：

```
<font face=值1 size=值2 color=值3>文字</font>
```

说明：如果用户的系统中没有 face 属性所指的字体，则将使用默认字体。size 属性的取值为 1~7。也可以用"＋"或"－"来设定字号的相对值。color 属性的值为：rgb 颜色为"#nnnnnn"或颜色的名称。

### 3. 特定文字样式标签

在有关文字的显示中，常常会使用一些特殊的字形或字体来强调、突出、区别，以达到提示的效果。

<b>标签：<b>用于放在<b>与</b>标签之间的文字将以粗体方式显示。

<i>标签：<i>用于放在<i>与</i>标签之间的文字将以斜体方式显示。

<u>标签：<u>用于放在<u>与</u>标签之间的文字将以下划线方式显示。

<em>标签：<em>用于强调的文本，一般显示为斜体字。

<strong>标签：<strong>用于特别强调的文本，显示为粗体字。

<cite>标签：<cite>用于引证和举例，通常是斜体字。

<code>标签：<code>用来指出这是一组代码。

<small>标签：<small>规定文本以小号字显示。

<big>标签：<big>规定文本以大号字显示。

<samp>标签：<samp>显示一段计算机常用的字体，即宽度相等的字体。

<sup>标签：<sup>将文字用较小字体显示为上标。

　　<sub>标签：<sup>将文字用较小字体显示为下标。

### 知识 3.5　认识段落和版面标签

　　1）<br>标签：在 HTML 文件中的任何位置只要使用了<br>标签，当文件显示在浏览器中时，该标签之后的内容将显示下一行。

　　2）<p>标签：由<p>标签所标识的文字，代表同一个段落的文字。不同段落间的间距等于连续加了两个换行符，也就是要隔一行空白行，用以区别文字的不同段落。它可以单独使用，也可以成对使用。单独使用时，下一个<p>的开始就意味着上一个<p>的结束。良好的习惯是成对使用。

　　格式：

```
<p>
<p align=参数>
```

其中，align 是<p>标签的属性，属性有三个参数 left、center、right，这三个参数设置段落文字的左、中、右位置的对齐方式。

　　3）<pre>标签：要保留原始文字排版的格式，就可以通过<pre>标签来实现，方法是把制作好的文字排版内容前后分别加上始标签<pre>和尾标签</pre>。

　　4）<center>标签：文本在页面中使用<center>标签进行居中显示，<center>是成对标签，在需要居中的内容部分开头处加<center>，结尾处加</center>。

### 知识 3.6　认识超链接标签

　　HTML 是通过链接标签来实现超链接的。链接标签<a>是成对使用的标签。<a>和</a>之间的内容就是锚标。<a>标签有个不可缺省的属性 href，用于指定链接目标点的位置。

#### 1.　链接属性

　　1）href 属性。格式为：

```
<a href="资源地址" target="窗口名称" title="指向连接显示的文字">超链接名
称</a>
```

　　说明：标签<a>表示一个链接的开始，</a>表示链接的结束。

　　属性"href"定义了这个链接所指的目标地址；目标地址是最重要的，一旦路径上出现差错，该资源就无法访问。

　　2）target 属性：该属性用于指定打开链接的目标窗口，其默认方式是原窗口。

　　3）title 属性：该属性用于指定指向链接时所显示的标题文字。

#### 2.　超链接应用

　　（1）在站点内部建立链接

　　所谓内部链接，指的是在同一个网站内部，不同的 HTML 页面之间的链接关系，在建立网站内部链接的时候，要明确哪个是主链接文件（即当前页），哪个是被链接文件，内部链接一般采用相对路径链接比较好，如图 3.2 所示。

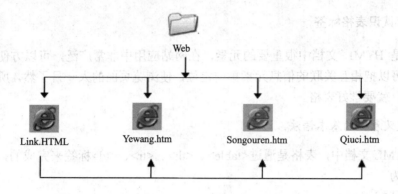

图 3.2 站内链接示意图

网站内有根目录 Web，Web 内有 link.htm、yewang.htm、songyouren.htm、qiuci.htm 四个 HTML 文件，link.htm 文件为当前文件，由超链接元素分别链接到 yewang.htm、songyouren.htm、qiuci.htm 文件，link.htm 文件代码如下：

```
<HTML>
<head>
<title>超链接测试</title>
</head>
<body>
<p><a href="yewang.html">野望</a>王绩</p>
<p><a href="songyouren.html">送友人</a>李白</p>
<p><a href="qiuci.html">秋词</a>刘禹锡</p>
</body>
</HTML>
```

浏览器显示如图 3.3 所示。

图 3.3 站内链接显示效果

（2）外部链接

所谓外部链接，指的是跳转到当前网站外部，与其他网站中页面或其他元素之间的链接关系。这种链接的 URL 地址一般要用绝对路径，要有完整的 URL 地址，包括协议名、主机名、文件所在主机上的位置的路径以及文件名。

最常用的外部链接格式是：<a href="http://网址">，例如在 HTML 文档中，

<a href="http://www.163.com">网易</a>表示超链接到外部网易网站。

### 知识 3.7　认识表格标签

表格是 HTML 文档中很重要的元素，在网站应用中非常广泛，可以方便灵活地排版，表格可以把相互关联的信息元素集中定位，使浏览页面的人一目了然，所以说要制作好网页，就要学好表格。

#### 1. 定义表格的基本语法

在 HTML 文档中，表格是通过<table>、<th>、<tr>、<td>标签来完成的，其基本的语法结构为

```
<table>
<caption>…<caption>
<tr>
<th>…</th>
<td>…</td>
<tr>
</tr>
</table>
```

各标签的描述如表 3.1 所示。

表 3.1　表格标记

| 标　签 | 描　述 |
| --- | --- |
| <table>…</table> | 用于定义一个表格开始和结束 |
| <caption>…</caption> | 用于给表格加上标题 |
| <th>…</th> | 定义表头单元格。表格中的文字将以粗体显示，在表格中也可以不用此标签，<th>标签必须放在<tr>标签内 |
| <tr>…</tr> | 定义一行标签，一组行标签内可以建立多组由<td>或<th>标签所定义的单元格 |
| <td>…</td> | 定义单元格标签，一组<td>标签将建立一个单元格，<td>标签必须放在<tr>标签内 |

　一个最基本的表格中，必须包含一组<table>标签，一组<tr>标签和一组<td>标签或<th>标签。

#### 2. 表格<table>标签的属性

表格标签<table>有很多属性，最常用的属性如表 3.2 所示。

表 3.2　表格标签的属性

| 属　性 | 描　述 |
| --- | --- |
| width | 表格的宽度 |
| height | 表格的高度 |
| align | 表格在页面的水平摆放位置 |
| background | 表格的背景图片 |

续表

| 属　　性 | 描　　述 |
|---|---|
| Bgcolor | 表格的背景颜色 |
| border | 表格边框的宽度（以像素为单位） |
| bordercolor | 表格边框颜色 |
| bordercolorlight | 表格边框明亮部分的颜色 |
| bordercolordark | 表格边框昏暗部分的颜色 |
| cellspacing | 单元格之间的间距 |
| cellpadding | 单元格内容与单元格边界之间的空白距离的大小 |

3．单元格的设定

<th>和<td>都是插入单元格的标签，这两个标签必须嵌套在<tr>标签内，是成对出现的。<th>用于表头标签，表头标签一般位于首行或首列，标签之间的内容就是位于该单元格内的标题内容，其中的文字以粗体居中显示。数据标签<td>就是该单元格中的具体数据内容，<th>和<td>标签的属性都是一样的，属性设定如表 3.3 所示。

表 3.3　<th>和<td>的属性

| 属　　性 | 描　　述 |
|---|---|
| width/height | 单元格的宽和高，接受绝对值（如 80）及相对值（如 80%） |
| colspan | 单元格向右打通的栏数 |
| rowspan | 单元格向下打通的列数 |
| align | 单元格内字画等的摆放贴，位置（水平），可选值为：left，center，right |
| valign | 单元格内字画等的摆放贴，位置（垂直），可选值为：top，middle，bottom |
| bgcolor | 单元格的底色 |
| bordercolor | 单元格边框颜色 |
| bordercolorlight | 单元格边框向光部分的颜色 |
| bordercolordark | 单元格边框背光部分的颜色 |
| background | 单元格背景图片 |

## 知识 3.8　认识 HTML 表单标签

表单在 Web 网页中用来给访问者填写信息，从而能获得用户信息，使网页具有交互的功能。HTML 主要有<form>、<input>、<select>、<option>、<textarea>表单标签，下面分别讲述。

1．<form></form>

<form></form>标签对用来创建一个表单，也即定义表单的开始和结束位置，在标签对之间的一切都属于表单的内容。<form>标签具有 action、method 和 target 属性。

action 属性：action 的值是处理程序的程序名（包括网络路径、网址或相对路径），如<form action="http://www.study.com.cn/check.asp">，当用户提交表单时，服务器将执行网址 http://www.study.com.cn/上的名为 check.asp 的程序。

method 属性：用来定义处理程序从表单中获得信息的方式，可取值为 GET 和 POST 的其中一个。

target 属性：用来指定目标窗口或目标帧。

2. <input type=" ">

<input type="">标签用来定义一个用户输入区，用户可在其中输入信息。此标签必须放在<form></form>标签对之间。<input type=" ">标签中共提供了 8 种类型的输入区域，具体是哪一种类型由 type 属性来决定。例如<input type="TEXT" size=" " maxlength=" ">，type="TEXT"表示单行的文本输入区域，size 与 maxlength 属性用来定义此种输入区域显示的尺寸大小与输入的最大字符数。当需要用户输入密码时，应将 type 属性设置为 password，产生一个不显示用户输入字符的密码输入框。

3. <select></select>、<option>

<select></select>标签对用来创建一个下拉列表框或可以复选的列表框。此标签对用于<form></form>标签对之间。<select>具有 multiple、name 和 size 属性。

<option>标签用来指定列表框中的一个选项，它放在<select></select>标签对之间。此标签具有 selected 和 value 属性，selected 用来指定默认的选项，value 属性用来给<option>指定的那一个选项赋值。请看下例：

```
<form action="beijing.asp" method="post">
<p>请选择北京的县区：</p>
<select name="mx" size="1">
<option value="yanq">延庆
<option value="changp" selected>昌平
<option value="huair">怀柔
<option value="miy">密云
</select>
</form>
```

浏览器显示结果如图 3.4 所示。

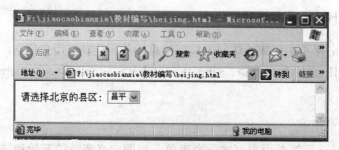

图 3.4    浏览器显示效果

4. <textarea></textarea>

<textarea></textarea>用来创建一个可以输入多行的文本框，此标签对用于<form></form>标签对之间。<textarea>具有 name、cols 和 rows 属性。cols 和 rows 属性分别用来设置文本框的列数和行数，这里列与行是以字符数为单位的。

### 知识 3.9　认识框架标签

1. 框架的含义和基本构成

框架就是把一个浏览器窗口划分为若干个小窗口，每个窗口可以显示不同的 URL 网页。使用框架可以非常方便地在浏览器中同时浏览不同的页面效果，也可以非常方便地完成导航工作。而所有的框架标记要放在一个 HTML 文档中。语法格式为：

```
<HTML>
<head> </head>
<frameset>
<frame src="url 地址 1">
<frame src="url 地址 2">
<frameset>
</HTML>
```

Frame 子框架的 src 属性的每个 URL 值指定了一个 HTML 文件（这个文件必须事先做好）地址，地址路径可使用绝对路径或相对路径，这个文件将载入相应的窗口中。

框架结构可以根据框架集标签<frameset>的分割属性分为三种，分别是左右分割窗口、上下分割窗口、嵌套分割窗口。

2. <frameset>标签

HTML 页面的文档体标签<body>被框架集标签<frameset>所取代，然后通过<frameset>的子窗口标签<frame>定义每一个子窗口和子窗口的页面属性，属性设置如表 3.4 所示。

表 3.4　<frameset>的属性

| 属　　性 | 描　　述 |
| --- | --- |
| border | 设置边框粗细，默认是 5 像素 |
| bordercolor | 设置边框颜色 |
| frameborder | 指定是否显示边框："0" 代表不显示边框，"1" 代表显示边框 |
| cols | 用 "像素数" 和 "%" 分割左右窗口，"*" 表示剩余部分 |
| rows | 用 "像素数" 和 "%" 分割上下窗口，"*" 表示剩余部分 |
| framespacing="5" | 表示框架与框架间的保留空白的距离 |
| noresize | 设定框架不能够调节，只要设定了前面的，后面的将继承 |

（1）左右分割窗口属性：cols

如果想要在水平方向将浏览器分割多个窗口，这需要使用到框架集的左右分割窗口属性 cols，分割几个窗口其 cols 的值就有几个。示例如下：

```
<HTML>
<head> </head>
<frameset cols="40%,2*,*">
<frame src="yewang.html">
<frame src="songyouren.html">
<frame src="beiqiu.html">
<frameset>
</HTML>
```

浏览器显示如图 3.5 所示。

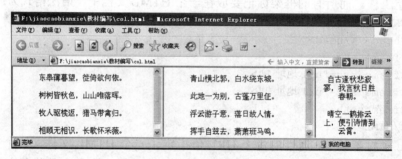

图 3.5　浏览器显示效果

上面实例将浏览器窗口分为三个，其中代码<frameset cols="40%,2*,*">将窗口按比例分为 40%、40%、20%。

（2）上下分割窗口属性：rows

上下分割窗口的属性设置和左右窗口的属性设定是一样的，参照上面所述就可以了。

### 3. 子窗口<frame>标签

<frame>是个单标签，<frame>标签要放在框架集 frameset 中，<frameset>设置了几个子窗口就必须对应几个<frame>标签，而且每一个<frame>标签内还必须设定一个网页文件（src="*.HTML"）。子窗口的排列遵循从左到右，从上到下的次序规则。

### 知识 3.10　认识图形标签

网页中有丰富多彩的图形图像，格式不仅相同，主要有 GIF、JPEG、PNG、BMP 等格式，网页中的图片又分为两类：内嵌图片和外嵌图片，内嵌图片同网页中的文字一同显示，外嵌图片则是和 web 网页分开的，只有在需要时才被载入。

图形标签格式为：

```
<img src="图片文件地址"alt="说明文字">
```

图形标签常用属性如表 3.5 所示。

表 3.5 <img>标签常用属性

| 属 性 | 描 述 |
|---|---|
| src | 用来指定图片文件的地址，可分为绝对地址和相对地址两种 |
| alt | 指定图片的说明文字，当浏览器没有完全读入图片，或浏览器不支持内嵌图片，或者关闭了图片功能，说明文字将出现在图片的位置 |
| align | 设置图片与文字的对齐方式 |
| border | 给图片设置边框，单位为像素 |
| hspace | 设置图片与文字之间垂直方向的间距，属性值为数字，单位是像素 |
| vspace | 设置图片与文字之间垂直方向的间距，属性值为数字，单位是像素 |

## 任务三 在Dreamweaver中编写HTML

### 操作 3.1 可视化编辑 HTML

前面编写 HTMl 文档，利用记事本编写，效率很低，且不易调试；在 Dreamweaver 中编写 HTML，利用提示功能，高效直观，按 F12 键在编辑环境中就可以浏览网页效果。

**操作步骤**

1）启动 Dreamweaver 后，单击"查看"菜单，执行"代码"命令，或者直接单击文档编辑窗口中的编辑状态切换按钮"代码"，就可以打开源代码的编辑窗口，如图 3.6 所示。

图 3.6 代码编辑窗口

2）单击"查看"菜单，执行"代码和设计"命令，或者直接单击文档编辑窗口中的编辑状态切换按钮"拆分"，既可以打开源代码的编辑窗口，又可以打开设计窗口；在编辑窗口编写 HTML 的同时，可以看到页面的显示效果，如图 3.7 所示。

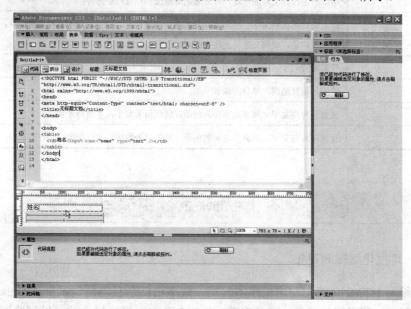

图 3.7  "拆分"窗口

**操作 3.2  HTML 标签的快速操作**

（1）HTML 代码中插入新标签的方法

1）单击文档编辑窗口中的"拆分"按钮，将光标移到标签需要插入的地方，单击鼠标右键，选择"插入标签"命令，如图 3.8 所示。

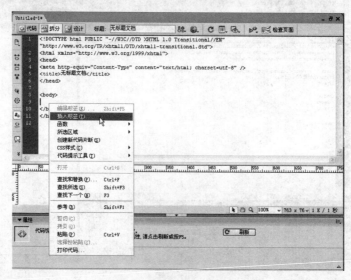

图 3.8  选择"插入标签"命令

2）单击"插入标签"，调出"标签选择器"，选择其中的标签，即可完成新标签的插入工作，如图3.9所示。

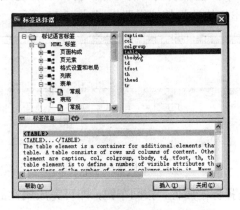

图 3.9　在标签选择器中选择标签

（2）利用 Dreamweaver 的编码提示功能

1）在 HTML 文档代码视图中，输入标签符号"<"后，就出现编码提示，当输入"<ce"时，就会出现"center"的编码提示，如图 3.10 所示。按回车键即可输入"<center>"标签。

图 3.10　编码提示

2）在 HTML 文档代码视图中，当输入完标签后，再按空格键，就会出现该标签的属性列表。从列表中选择一种属性，如图 3.11 所示。按回车键，即完成属性输入。

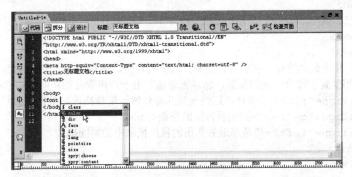

图 3.11　属性列表

（3）快速标签编辑器的使用方法

1）在文档设计视图中，选中要编辑的对象，打开"属性"面板，单击"快速标签编辑器"标签，即可调出"快速标签编辑器"，如图 3.12 所示。

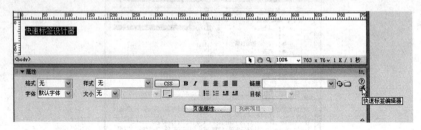

图 3.12　快速标签编辑器

2）在下拉列表中选择标签属性，按回车键，即可完成属性的设置，如图 3.13 所示。

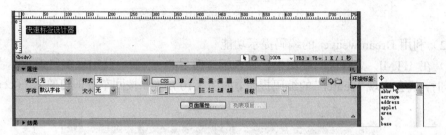

图 3.13　选择标签属性

 实训项目

## 实训 3.1　掌握基本页面标签

【实训目的】　掌握文字段落<p>标签使用方法。

【实训提示】

1）在 Dreamweaver 代码视图中输入如下源代码：

```
<HTML>
<head>
<title>测试分段控制标签</title>
</head>
<body>
<p>花儿什么也没有。它们只有凋谢在风中的轻微、凄楚而又无奈的吟怨，
就像那受到了致命伤害的秋雁，悲哀无助地发出一声声垂死的鸣叫。</p>
<p align="right">或许，这便是花儿那短暂一生最凄凉、最伤感的归宿。</p>
<p align="center">而美丽苦短的花期</p>
<p align="left">却是那最后悲伤的秋风挽歌中的瞬间插曲。</p>
</body>
</HTML>
```

2）按 F12 键，保存 HTML 文档为 1-1.HTML 文件，在浏览器中观察显示效果。

## 实训 3.2 掌握文字布局标签

【实训目的】 掌握文字类标签使用方法。

【实训提示】

1）在 Dreamweaver 代码视图中输入如下源代码：

```
<HTML>
<head>
<title>控制文字的格式</title>
</head>
<body>
<center>
<font face=黑体 size=6 color="red">盼望着，盼望着，东风来了，春天脚步近了。
</font> <p>
<font face=隶书 size=+3 color="green">
一切都像刚睡醒的样子，欣欣然张开了眼。<p>山朗润起来了，水涨起来了，太阳的脸红起
来了。
</font><p>
<font face=楷体 size=4 color="#ff00ff">
小草偷偷地从土里钻出来，嫩嫩的，绿绿的。<p>园子里，田野里，瞧去一大片一大片满是
的。<p>坐着，躺着，打两个滚，踢几脚球，赛几趟跑，捉几回迷藏。<p>风轻悄悄的，草
软绵绵的。
</font>
</center>
</body>
</HTML>
```

2）按 F12 键，保存 HTML 文档为 1-2.HTML 文件，在浏览器中观察显示效果。

## 实训 3.3 掌握表格标签

【实训目的】 掌握表格标签使用方法。

【实训提示】

1）在 Dreamweaver 代码视图中输入如下源代码：

```
<HTML>
<head>
<title>李白《关山月》</title>
</head>
<body >
<td>明月出天山，苍茫云海间。</td>
<td>长风几万里，吹度玉门关。 </td>
<td>汉下白登道，胡窥青海湾。</td>
</tr>
<tr>
<td>由来征战地，不见有人还。</td>
<td>戍客望边色，思归多苦颜。</td>
<td>高楼当此夜，叹息未应闲。</td>
</tr>
</table>
</body>
</HTML>
```

2）按 F12 键，保存 HTML 文档为 1-3.HTML 文件，在浏览器中观察显示效果。

## 实训 3.4　掌握超链接标签

【实训目的】　掌握超链接标签使用方法。

【实训提示】

1）在 D 盘中建立一文件夹 link。

2）打开记事本，分别录入如下源代码：

①

```
<HTML>
<head>
<title>超链接测试</title>
</head>
<body>
<p><a href="yewang.HTML">野望</a> 王绩</p>
<p><a href="songyouren.HTML">送友人</a>李白</p>
<p><a href="qiuci.HTML">秋词</a> 刘禹锡</p>
</body>
</HTML>
```

在 D:\link 中保存该文本文件，命名为 shici.html。

②

```
<HTML>
<head>
<title>野望</title>
</head>
<body>
<center>
<p>东皋薄暮望，徙倚欲何依。</p><p>树树皆秋色，山山唯落晖。</p><p>牧人驱犊返，
猎马带禽归。</p><p>相顾无相识，长歌怀采薇。</p>
</center>
</body>
</HTML>
```

在 D:\link 中保存该文本文件，命名为 yewang.html。

③

```
<HTML>
<head>
<title>送友人</title>
</head>
<body>
<center>
<p>青山横北郭，白水绕东城。</p><p>此地一为别，古蓬万里征。</p><p>浮云游子意，
落日故人情。</p><p>挥手自兹去，萧萧班马鸣。</p>
</center>
</body>
</HTML>
```

在 D:\link 中保存该文本文件，命名为 songyouren.html。

④

```
<HTML>
```

```
<head>
<title>秋词</title>
</head>
<body>
<center>
<p>自古逢秋悲寂寥，我言秋日胜春朝。</p><p>晴空一鹤排云上，便引诗情到云霄。</p>
</center>
</body>
</HTML>
```

在 D:\link 中保存该文本文件，命名为 qiuci.html。

3）在 D:\link 中双击 shici.html 文件，在浏览器中观察显示效果，并分别链接到其他三个页面，说明该链接属于哪一种。

## 知识拓展　XML 与 HTML

XML 近年来，发展十分迅速，很多读者误将 XML 当成 HTML 的升级版本。其实 XML 是 Extensible Markup Language 的简写，它是一种扩展的标识语言。XML 表面看来与 HTML 有相似之处，但两者是两种不同标记语言。XML 主要用来描述数据，而 HTML 则用来显示数据。XML 描述信息本身，XML 文档用浏览器打开，仍然显示的是 XML 源代码。由于 XML 具有可扩展性、灵活性和描述性，因此在 Web 领域得到长足发展，Dreamweaver CS3 中加强了对 XML 的支持，如可视化操作 XML、增强 XML 编辑和验证等，但 XML 不是 HTML 的替代品，两者可长期并存。

## 项目小结

本项目中，主要是了解 HTML 的发展历史和 HTML 的特点，全面介绍了 HTML 各种标签的使用方法，也是项目的重点；熟练掌握 HTML 的各种标签使用方法，能够制作出丰富多彩的网页，也为后面学习 Dreamweaver 打下牢固的基础。

## 思考与练习

### 一、选择题

1. 一个 HTML 文件开始使用的 HTML 标签是（　　）。

　　A．<p></p>　　　　　　　　　　B．<body></body>

　　C．<HTML></HTML>　　　　　　D．<table></table>

2. HTTP 协议是一种协议（　　）。

　　A．文件传输协议　　　　　　　　B．远程登录协议

　　C．邮件协议　　　　　　　　　　D．超文本传输协议

3. 以下关于 HTML 文档的说法正确的一项是（　　）。

　　A．<HTML>与</HTML>这两个标记合起来说明在它们之间的文本表示两个 HTML 文本

　　B．HTML 文档是一个可执行的文档

C．HTML 文档只是一种简单的 ASCII 码文本

　　D．HTML 文档的结束标记</HTML>可以省略不写

4．超级链接是一种（　　　）的关系。

　　A．一对一　　　　　　　　　　　　B．一对多

　　C．多对一　　　　　　　　　　　　D．多对多

5．HTML 文本显示状态代码中,<SUP></SUP>表示（　　　）。

　　A．文本加注下标线　　　　　　　　B．文本加注上标线

　　C．文本闪烁　　　　　　　　　　　D．文本或图片居中

6．在表单中需要把用户的数据以密码的形式接受，应该定义的表单元素是（　　　）。

　　A．<input type=text>　　　　　　　B．<input type=password>

　　C．<input type=checkbox>　　　　　D．<input type=radio>

7．下列标签中，用于定义一个单元格的是（　　　）。

　　A．<tr>…</tr>　　　　　　　　　　B．<td>…</td>

　　C．<caption>…</caption>　　　　　 D．<head>…</head>

8．在浏览器中显示"JavaScript"，要求加粗宋体、13 号，以下正确的是（　　　）。

　　A．<font size 13>JavaScript</font>

　　B．<font size="宋体"fontsize 13>JavaScript</font>

　　C．<font size="宋体"size 13>JavaScript</font>

　　D．<font face="宋体"fontsize 13>JavaScript</font>

9．BODY 元素可以支持很多属性，其中用于定义已访问过的链接的颜色属性是（　　　）。

　　A．ALINK　　　　　　　　　　　　B．BACKGROUND

　　C．BGCOLOR　　　　　　　　　　 D．VLINK

10．在 HTML 中，标记<pre>的作用是（　　　）。

　　A．标题标记　　　　　　　　　　　B．预排版标记

　　C．转行标记　　　　　　　　　　　D．文字效果标记

二、填空题

　　1．HTML（Hyper Text Markup Language 超文本标记语言）是一种用来制作_____的简单标记语言。

　　2．HTML 文档有标签和_____组成的，_____成为 HTML 文档的基本结构重要部分。

　　3．标题标签的格式是_____。

　　4．_____标签对用来创建一个表单，也即定义表单的开始和结束位置。

　　5．XML 是 Extensible Markup Language 的简写，它是一种_____语言。

三、简答题

　　1．什么是超文本？超文本应用中有哪三种方式？

2. 绝对路径与相对路径有什么区别？

四、操作题

写出下列网页的 HTML 源代码。

**课程表**

| 课号 | 课程名 | 学分 |
|---|---|---|
| 1002201 | 《网络原理》 | 6 |
| 1003302 | 《网页设计与制作》 | 5 |

# 项目八

# 网页的基本操作

　　一个网站是由许多网页组成的，网页中的各项元素决定了网页的多样性。在这些众多的网页元素中，文字、列表等是构成网页的基础，图像则是网页中不缺少的元素，它可以美化网页、对事物的图形化说明往往起着画龙点睛的作用。而随着网络技术的发展，人们则已经不再满足于浏览只有文字和图片的网页。多媒体技术的发展为网页提供了更多新的元素，其中 Flash 已经成为目前网页上的常用元素了。创建网页的基本对象是网页设计制作的基础，应熟练掌握。

### 任务目标

- ◆ 新建网页
- ◆ 网页文本操作
- ◆ 创建文字列表
- ◆ 插入图像
- ◆ 插入多媒体对象
- ◆ 设置网页属性

## 任务一 新建网页

### 操作 4.1 创建新的空白文档

**操作步骤**

1) 选择"文件"、"新建"命令。

2) 在"新建文档"对话框的"空白页"类别中，从"页面类型"列选择要创建的页面类型，如图 4.1 所示。

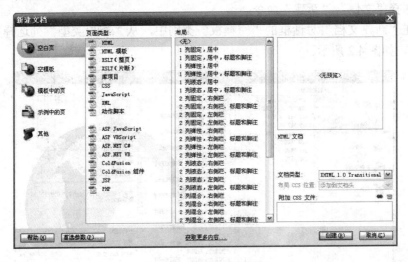

图 4.1 创建空白页窗口

例如，选择 HTML 来创建一个纯 HTML 页，选择 ColdFusion 来创建一个 ColdFusion 页，等等。

> 如果希望新页面包含 CSS 布局，请从"**布局**"列中选择一个预设计的 CSS 布局；否则，选择"**无**"。基于操作者的选择，在对话框的右侧将显示选定布局的预览和说明。

预设计的 CSS 布局提供了下列类型的列：

① 固定。列宽是以像素指定的。列的大小不会根据浏览器的大小或站点访问者的文本设置来调整。

② 弹性。列宽是以相对于文本大小的度量单位（全方）指定的。如果站点访问者更改了文本设置，该设计将会进行调整，但不会基于浏览器窗口的大小来更改列宽度。

③ 液态。列宽是以站点访问者的浏览器宽度的百分比形式指定的。如果站点访问者将浏览器变宽或变窄，该设计将会进行调整，但不会基于站点访问者的文本设置来更改列宽度。

④ 混合。用上述三个选项的任意组合来指定列类型。例如，两列混合，右侧栏布局具有可缩放至浏览器大小的液态主列，而右侧的弹性列可缩放至站点访问者的文本设置的大小。

3）单击"创建"按钮，即可新建相应类型的空白文档。

### 操作 4.2　创建基于模板的文档

模板是一种预先设计好的网页样式，在制作风格相似的页面时，只要套用同样的模板就可以设计出风格一致的网页。

 **操作步骤**

1）选择"文件"、"新建"命令。

2）在"新建文档"对话框的"空模板"类别中，从"布局类型"列选择要创建的页面类型，如图 4.2 所示。

图 4.2　空模板窗口

3）单击"创建"按钮，即可新建相应模板类型的空白文档，如图 4.3 所示。

图 4.3　基于模板创建的空白页

## 任务二 网页文本操作

文本作为网页的主体，可以准确快捷地传递信息，并且具有占空间小，易复制、保存和打印等特点，已成为网页设计中不可替代的组成元素。

### 知识 4.1 添加文本对象

先将光标放置到文档窗口中要插入文本的位置，然后直接输入文本即可，也可用复制文本的操作将其他应用程序中的文本粘贴到当前的文档窗口中。

1）在默认情况下，Dreamweaver CS3 中不允许输入连续的空格，若要输入连续的空格可以通过以下几种方法进行：

① 按 Ctrl+Shift+Space（空格键）键。

② 将当前中文输入法切换到全角状态下。

③ 在"属性"面板中，将"格式"项的下拉列表中"预先格式化的"选项选中，如图 4.4 所示。

④ 打开"文本"工具栏，单击 ⑭· 按钮，在弹出的下拉菜单中选择"不换行空格"命令，如图 4.5 所示。

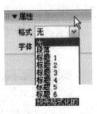

图 4.4 "格式"的下拉菜单　　　图 4.5 插入字符弹出菜单

2）在 Dreamweaver 中进行文本换行时，注意以下不同：

① 按 Enter 键，相当于插入 HTML 标签＜p＞，段落间距较大。

② 按 Shift+Enter 键，相当于插入 HTML 标签＜br/＞，间距较小，换行前后仍属同一段落。

### 知识 4.2 格式化文本

利用 Dreamweaver 中提供的调整文本的"属性"面板，可以对文本的字体、大小、颜色、对齐方式等进行设置，如图 4.6 所示。也可利用"文本"菜单进行设置，如图 4.7 所示。

图 4.6 "属性"面板 图 4.7 "文件"菜单

**1. 设置文本标题格式**

如图 4.4 所示，页面的文本共有 6 种标题格式，其对应的字号大小和段落对齐方式都是设定好的。在"格式"下拉列表框内，可以选择各种格式。

1）"无"选项：用来设置无特殊格式，它规定文本格式仅决定于文本本身。

2）"段落"选项：正文段落，在文本的开始与结尾处有换行，各行的文本间距较小。

3）"标题 1"到"标题 6"选项：用来设置标题 1 至标题 6，约为 1 至 6 号字大小。

4）"预先格式化的"选项：用来设置预定义的格式。

**2. 设置文本字体**

在 Dreamweaver 中采用字体组合的方法，取代了简单地给文本指定一种字体的方法。所谓字体组合就是多个不同的字体依次排列的组合。在设计网页时，可以给文本指定一种字体组合。当在浏览器中浏览该网页时，系统会按照字体组合中指定的字体顺序自动寻找用户计算机中安装的字体。这样就可以照顾各种浏览器和安装不同操作系统的计算机。

添加字体的方法如下：

1）在"属性"面板中单击"字体"下拉列表框右侧的按钮，弹出的下拉列表如图 4.8 所示。在该列表中选择"编辑字体列表"选项，打开"编辑字体列表"对话框，如图 4.9 所示。

图 4.8 "编辑字体列表"对话框 图 4.9 "字体"下拉列表

2）在对话框右下侧的"可用字体"列表框中选择需要的字体，单击按钮将所选字体添加到左下侧的"选择的字体"列表框中。

3）单击对话框左上方的按钮将选择的字体添加到"字体列表"列表框。

4）如果要添加多种字体到"字体列表"列表框中，只需重复前面的操作即可。添加完毕后单击"确定"按钮关闭对话框。

**3. 设置文本字号和 CSS 样式**

1）设置文本大小。如图 4.10 所示，单击选中"文本属性"面板内"大小"下拉列表框中的选项，并在其右侧的"单位"下拉列表框中选择相应的单位，如图 4.11 所示，即可完成字的大小设置。

图 4.10　字体列表　　　　　图 4.11　单位列表

2）设置文本 CSS 样式。在"样式"下拉列表框中可以选择一种文本样式。单击"样式"下拉列表中的"附加样式表"选项，将弹出"链接外部样式表"对话框，可以链接或导入外部的样式表文件。单击"CSS"按钮，将弹出"CSS 样式"浮动面板。利用该面板，可以设置各种新的文本样式，具体操作可参考后面有关样式的章节。

**4. 设置文本的对齐与缩进**

1）设置文本的对齐。文本的对齐是指一行或多行文本在水平方向的位置。将光标定位在要对齐的文本所在的行中后，单击文本"属性"栏内的▤（左对齐）、▤（居中对齐）、▤（右对齐）和▤（两端对齐）按钮来实现。

2）设置文本的缩进。将光标定位到文本所在的行，再单击文本"属性"栏内的▤（文本凸出，向左移两个单位）按钮或▤（文本缩进，向右移两个单位）按钮。

**5. 设置文本样式与颜色**

1）设置文本修饰。选中网页中的文本，分别单击文本"属性"栏内的粗体按钮 **B** 和斜体按钮 *I*，即可将选中的文本设为对应的粗体和斜体。在"文本"菜单中，还有更多的样式设置，如图 4.12 所示，可根据需要进行样式设置。

2）设置文本颜色。单击文本"属性"栏内的文本颜色按钮▤，在调出颜色面板中就可以设置文本的颜色，如图 4.13 所示。

图 4.12　文本样式子菜单　　　　　图 4.13　文本颜色列表

### 操作 4.3　插入特殊文本

制作网页时，有时需要插入一些键盘上没有的特殊符号，如版权符号©、注册商标符号®等。

 **操作步骤**

1）在文档窗口中，将光标放置在需要插入特殊字符的位置。

2）选择"插入记录"、"HTML"、"特殊字符"命令，在弹出的子菜单中选择所需的字符选项，如图 4.14 所示。

图 4.14　特殊字符子菜单

 在"文本"面板中单击<u>◎</u>·按钮，在弹出的下拉菜单中选择相应的字符选项，也可以插入特殊字符，如图 4.5 所示。

3）如果在菜单中仍没有找到要插入的字符，可以选择"其他字符"选项，打开"插入其他字符"对话框，如图 4.15 所示，从中选择一种需要的字符，单击"确定"即可。

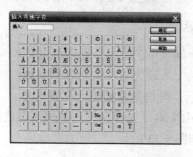

图 4.15　"插入其他字符"对话框

## 任务三　创建文字列表

使用文本列表可以将输入的文本进行有规律的排列，以使文本内容更加直观突出。

### 操作 4.4　创建项目列表

项目列表，也称无序列表。项目列表一般使用项目符号作为前导字符，各项目之间是并列关系，没有先后顺序。

 **操作步骤**

1）将光标放置在需要插入项目列表的位置。

2）在"文本"工具栏中单击"项目列表"按钮如图 4.16 所示，或在"属性"面板中单击"项目列表"按钮 ，即可出现前导字符，如图 4.17 所示。

图 4.16 文本工具栏

3）在前导字符后面直接输入文本，然后按 Enter 键，项目列表的前导字符会自动出现在下一行的行首。

图 4.17 出现项目符号          图 4.18 完成项目列表的创建

4）完成项目列表的创建后，按两次 Enter 键即可退出，如图 4.18 所示。

## 操作 4.5 创建编号列表

编号列表是对文本内容进行有序排列，因此又称为有序列表。在编号列表中，文本前面的前导字符可以是阿拉伯数字、英文字符或罗马数字等。

 **操作步骤**

1）将光标放置在需要插入编号列表的位置。

2）在"文本"栏中单击"编号列表"按钮 ，或在"属性"面板中单击"编号列表"按钮 ，即可出现前导字符，如图 4.19 所示。

3）在前导字符后面直接输入文本，然后按 Enter 键，编号列表的前导字符会自动出现在下一行的行首。

4）完成编号列表的创建后，按两次 Enter 键即可退出，如图 4.20 所示。

图 4.19 出现数字符号          图 4.20 完成编号列表的创建

**操作 4.6 创建嵌套列表**

如果想列出第二条中的细项，如图 4.21 所示。就要使用多级项目列表，也可以称为嵌套列表。

 **操作步骤**

1）先在第二条下面添加其细项内容，一共有两条。

2）将这两行都选中，单击属性面板中的缩进按钮 ⊒ 或者单击键盘上的 **Tab** 键，这两项就变为下一级内容了。

3）再单击"编号列表"按钮 ≣，就会变成如图 4.21 所示的嵌套列表。

 通过选择"文本"、"列表"、"属性"菜单命令，或者单击"属性"面板上的 列表项目 按钮，都可以弹出"列表属性"对话框，如图 4.22 所示，可以在这里进行列表属性的高级设置。

图 4.21 嵌套列表      图 4.22 "列表属性"（项目列表）对话框

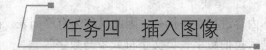

# 任务四 插入图像

**操作 4.7 插入图像**

 **操作步骤**

1）将光标放在需要插入图像的位置。

2）选择"插入记录"、"图像"菜单命令，如图 4.23 所示，或是在"常用"工具栏上单击 ▣▾ 按钮，在弹出的下拉菜单中选择"图像"选项，如图 4.24 所示。

 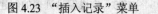 

图 4.23 "插入记录"菜单      图 4.24 "图像"下拉列表

3）在打开的"图像源文件"对话框中设定要插入的图像文件后，单击"确定"按钮，如图 4.25 所示。

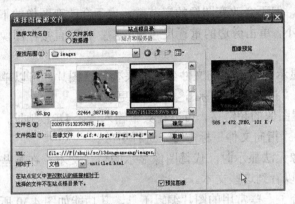

图 4.25 "选择图像源文件"对话框

4）如果选择的图像没有位于本地站点目录中，则会出现图 4.26 所示的询问对话框。单击"是"按钮后，在弹出的"复制文件为"对话框中，如图 4.27 所示，设定复制图像文件的位置及文件名，一般可以放在 Image 文件夹下，保留原名即可。

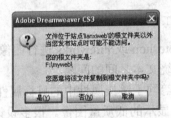

图 4.26 询问对话框

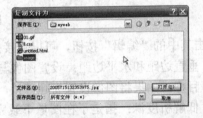

图 4.27 "复制文件为"对话框

5）在接着弹出的"图像标签辅助功能属性"对话框中，如图 4.28 所示，在"替换文本"栏内输入关于图片的说明性文字，也可忽略，放在图像属性面板中稍后设置。单击"确定"按钮后，一张图片就插入到文档窗口中了。

图 4.28 "图像标签辅助功能属性"对话框

### 知识 4.3 设置图像属性

在文档窗口中单击图片，属性面板中就会出现相应的图片属性，如图 4.29 所示。

图 4.29 "图像属性"面板

1）图像标记名称：在属性面板左侧可以输入图像的标记名称，最好使用小写英文字母来命名，不要用汉字命名，以保证文件有好的兼容性。

2）宽和高：设置当前图像的宽度和高度，可以在其中直接输入数值，图像将根据输入的值进行缩放，但不会改变图像的字节数，也不会改变图像的下载时间。如果希望恢复图像的真实大小，单击旁边的重置尺寸图标 ⟲。也可直接在图像上用鼠标拖动控点进行尺寸调整。

3）源文件：显示当前图像的文件名。如果要替换图片，可以单击右边的文件夹按钮 或是直接拖动"指向文件"标志 ，进行更改。

4）链接：设置图像的超链接，可以在其中输入一个 URL 地址，也可以用文件夹按钮 或是直接拖动"指向文件"标志 ，进行更改。

5）替换：图像无法显示时，代替图像显示的替代文本。在某些浏览器中，将鼠标移到图片上，也可以看到这些文本。

6）编辑：集合了一些常用的图片编辑工具，其功能如图 4.30 所示。

图 4.30　图片编辑工具

单击其中的"编辑"按钮，可以直接打开 Photoshop 或 Fireworks 进行图像编辑。

7）垂直边距和水平边距：设置图像与四周环绕文本之间的间隔。

8）目标：如果将图像设置为超链接，该属性等同于链接属性中的目标属性。

9）低解析度源：指定了在图像下载完成之前显示的低质量图像。很多设计者用黑白图像做预览图像，因为这种图像的文件小，下载速度快。

10）边框：图像的边框宽度，默认状态下，插入图像的边框宽度为零。为了美观，一般给插入的图像加上宽为 1 或 2 像素的边框。右边的三个按钮设置图片在页面中的位置，▤表示置左、▤表示居中、▤表示置右。

11）对齐。设置图像与其所处段落中其他元素的对齐方式、有左对齐、居中对齐、右对齐等。

## 任务五　插入多媒体对象

### 操作 4.8　插入 Flash 对象

在 Dreamweaver CS3 中，不论本机上是否安装了 Flash，都可以使用 Flash 对象。主要包括以下几种：Flash 动画、Flash 文本、Flash 按钮、FlashPaper、Flash 视频。单击"插入"工具栏中的"常用"中的"媒体"，在如图 4.31 所示的下拉列表中选择相应的选项即可完成插入。

### 操作 4.9 设置其他多媒体文件

其他多媒体对象的插入包括在网页中添加ActiveX控件、插件、Shockwave和Applet。在如图4.31所示的下拉列表中选择相应的选项即可完成插入。

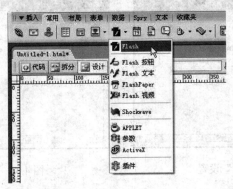

图 4.31 常用面板的多媒体对象

# 任务六 设置网页属性

### 知识 4.4 网页的基本属性

重要的网页属性有：标题、背景颜色或背景图像、文本和超链接等的颜色设置、网页边界设置、网页文档编码等。

### 操作 4.10 使用页面属性对话框

 **操作步骤**

1）选择"修改"、"页面属性"命令，或者单击"属性"面板的 页面属性...... 按钮，都会出现如图4.32所示的对话框。

图 4.32 "页面属性"对话框之"外观"设置

2）在"页面属性"对话框中，默认显示页面的"外观"选项，也可以对页面进行其他的外观设置。在该对话框中，比较常用的设置分类还有"链接"和"跟踪图像"，选中各项后，分别显示如图 4.33、图 4.34 所示的属性。

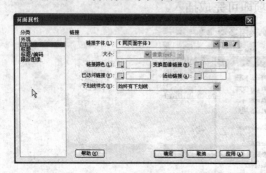
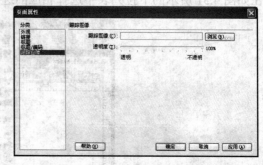

图 4.33 "链接"设置　　　　　　　图 4.34 "跟踪图像"设置

 实训项目

### 实训 4.1 "校园网"制作

本项目要完成的是一个有文字、列表、图片和 Flash 动画的网页。通过本网页的制作，可以掌握网页中常见元素的基本设置。

准备操作：打开"校园网"素材中的文件夹 xiaoyuanwang，在 Dreamweaver CS3 的文件面板中打开 index.htm 文件，这是一个已经初步完成的网页，如图 4.35 所示。

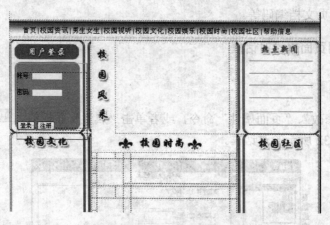

图 4.35 网页外观局部

（1）插入 Flash 动画

1）在网页中单击要放置 Flash 动画的空白处，如图 4.36 所示。

2）单击"常用"工具栏中"媒体"下拉菜单的 Flash，如图 4.31 所示。或是选择"插入记录"、"媒体"、"Flash"菜单命令。在弹出的"选择文件"对话框中选择站点文件夹下的"others\logo.swf"文件，如图 4.37 所示。

图 4.36 Flash 动画插入位置

图 4.37 选择 Flash 动画文件

单击"确定"按钮后，Flash 动画就会插入到当前选定位置，如图 4.38 所示。

图 4.38 插入 Flash 动画文件

3）单击 Flash 对象，对应的属性面板如图 4.39 所示

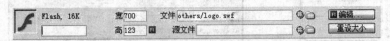

图 4.39 Flash 属性面板

Flash 属性面板中各选项的作用如下：

1）Flash 文档的基本属性选项：包括 Flash 文档命名、显示大小设置、文件（SWF 格式）和源文件（FLA 格式）的位置设定等文本栏，以及调出 Flash 程序，并对 Flash 文件进行编辑的 编辑 按钮和恢复尺寸的 重设大小 按钮，如图 4.40 所示。

图 4.40 基本属性选项

2）Flash 文档的常用属性选项：包括 Flash 文档的播放方式、边距、对齐方式、背景颜色，以及播放质量和缩放比例的设定，如图 4.41 所示。

图 4.41　常用属性选项

单击 ▶ 播放，可以预览实际效果，如图 4.42 所示。

图 4.42　Flash 动画预览

单击 参数，可以进行相应的参数设置，如图 4.43 所示，将参数"wmode"的值设为"transparent"，利用该参数，可以将 Flash 动画设为透明背景。

（2）插入列表文字

1）将光标移到网页上的"热点新闻"处，如图 4.44 所示。

图 4.43　透明背景参数设置　　　　　　　图 4.44　定位光标

2）单击"属性"面板中的"项目列表" ≣ 按钮，添加如下列表文字，如图 4.45 所示。

（3）插入图片

1）单击网页上"校园风采"栏目中要插入图片的位置。

2）在"常用"工具栏上单击 ▣· 按钮，在弹出的"图像源文件"对话框中设定要插入的图像文件为素材中的文件"xiaoyuanwang\images\gy2.jpg"后，单击"确定"按钮，如图 4.46 所示。

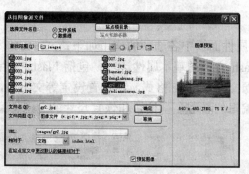

图 4.45　添加列表文字　　　　　　　图 4.46　选择图片文件

3）选中图片，在图片属性栏中，调整显示大小，如图 4.47 所示。图片插入后，网页显示如图 4.48 所示。

图 4.47　图片属性面板

4）将图片文件选中后，单击属性面板上左对齐按钮，然后输入文本。完成后的页面如图 4.49 所示。

图 4.48　网页显示

图 4.49　图文混排

在网页中要是进行图片和文本的混合排版，可以有以下几种方法：

1）利用图片属性面板的"左对齐"按钮。

2）利用层、表格，具体操作将在以后讲解。

3）在"代码"视图中的<img>属性中加上<align="left">。

（4）完善网页

在网页的其他空白处添加相应的图片和文字，操作者可以用素材中的资源，或者自己设定图片，完善网页。下面就是完善后的一种网页形式，如图 4.50 所示。

图 4.50　网页预览

### 实训 4.2　台湾旅游网的制作

【实训目的】

1）掌握网页中常用元素的设计方法和插入方法。

2）掌握文本、图像、动画元素的属性设置。

3）初步掌握图文混排的基本方法。

4）可参考本实训提示，自己创新，设计出独特风格的网页。

【实训提示】

1）在"我的电脑"中，找到素材中的文件夹"Taiwan"，将其全部内容拷贝到 D 盘下。

2）在 D 盘建立新站点。在"高级"标签中定义站点，站点名为"taiwanwang"，默认图像文件夹设为"D:\taiwan\images"，如图 4.51 所示。

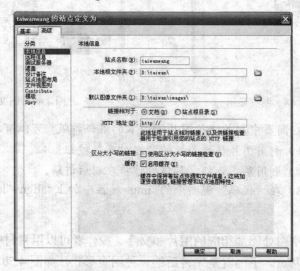

图 4.51　定义站点

3）在"文件"面板中，将 index.html 打开，这是一个基本结构确定的网页。

4）先进行页眉部分导航图片的播放插入，如图 4.52 所示。

图 4.52　导航图片的插入

按照顺序依次在以上位置插入站点中 images 文件夹下的 shouye.jpg、5.jpg、6.jpg、7.jpg、8.jpg、4.jpg、2.jpg、3.jpg 文件，插入后的图像如图 4.53 所示。

5）在如图 4.54 所示的位置进行 Flash 文件的插入，在 1 处和 2 处分别插入文件夹 others 下的 flash.swf 和 tiao.swf 文件，播放效果如图 4.55 所示。

图 4.53　插入图片后页面显示

图 4.54　Flash 文件插入位置

图 4.55　插入 Flash 文件预览

6）插入图形列表，如图 4.56 所示，在 1 处插入 "image\k.gif"，2 处输入文字。

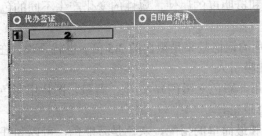

图 4.56　列表插入位置

完成后，就可以构成图形列表了，效果如图 4.57 所示。

图 4.57　图形列表

最终，实现的网页如图 4.58 所示。

图 4.58　网页最终效果

 **知识拓展　网站的配色原则**

本项目中，虽然我们在书中看到的网页都是黑白的，但在电脑上看到网页可都是彩色的，应该承认的是后者要比前者给人的印象深刻。那么在网站建设中，应该遵循什么样的配色原则呢？下面从两个方面进行说明。

1. 网页色彩搭配

1）色彩有饱和度和透明度的属性，属性的变化产生不同的色相，所以至少可以制作几百万种色彩。

2）研究表明：彩色的记忆效果是黑白的 3.5 倍。也就是说，在一般情况下，彩色页面较完全黑白页面更加吸引人。

3）主要内容文字用非彩色（黑色），边框，背景，图片用彩色。这样页面整体不单调，看主要内容也不会眼花。

4）黑白是最基本和最简单的搭配，灰色是万能色，可以和任何色彩搭配，也可以帮助两种对立的色彩和谐过渡。

5）将色彩按红→黄→绿→蓝→红依次过度渐变，就可以得到一个色彩环。色环的两端是暖色和寒色，当中是中性色。

6）色感，不同的颜色会给浏览者不同的心理感受。红色——冲动、愤怒、热情、活力；绿色——和睦、宁静、健康、安全，它和金黄，淡白搭配，可以产生优雅，舒适的气氛。橙色——轻快、欢欣、热烈、温馨、时尚；黄色——快乐、希望、智慧和轻快、明度最高；蓝色——凉爽、清新，它和白色混合，能体现柔顺，淡雅，浪漫的气氛；白色——洁白、明快、纯真、清洁；黑色——深沉、神秘、寂静、悲哀、压抑；灰色——中庸、平凡、温和、谦让、中立、高雅。每种色彩在饱和度，透明度上略微变化就会产生不同的感觉。

7）色彩的鲜明性、独特性、合适性、联想性。用色趋势：单色→五彩缤纷→标准色→单色。

**2. 网页用色**

1）用一种色彩。选定一种色，调整透明度或者饱和度，产生新的色彩，用于网页。看起来色彩统一，有层次感。

2）用两种色彩。先选定一种色彩，然后选择它的对比色，页面色彩丰富不花稍。

3）用一个色系。如淡蓝，淡黄，淡绿；或者土黄，土灰，土蓝。

4）用黑色和一种彩色。比如大红的字体配黑色的边框感觉很"跳"。网页配色中，控制在三色以内，背景和前文的对比尽量要大，以便突出主要文字内容。

 项目小结

文本、图像、列表、动画等都是构成网页的基本元素，会插入这些元素，并会设置相应的属性是网页基本操作项目的重点。在已经布局好的网页中，插入必要的元素，加上恰当的设置，一定能制作出有特色的网页来。

 思考与练习

**一、单选题**

1.（　　　）无法实现在文档窗口中插入空格。

　　A. 在中文的全角状态下按空格键

　　B. 插入一个透明的图

　　C. 选择 Insert 菜单下的 None-breaking Space

　　D. Ctrl+Shift+空格键加入

2. HTML 的颜色属性值中，Black 的代码是（　　　）。

　　A. "#000000"　　　　　　　　B. "#008000"

　　C. "#C0C0C0"　　　　　　　　D. "#00FF00"

3. Dreamweaver 保存当前文档的快捷操作是（　　　）。

　　A. Ctrl+S　　　　　　　　　B. Ctrl+Shift+S

　　C. Ctrl+F12　　　　　　　　D. Ctrl+F7

4. 在 Dreamweaver 中，（　　　）是在图像属性面板的"垂直边距"和"水平边距"栏中设置的。

　　A. 图像的边距　B. 图像的大小　C. 图像的颜色　　D. 以上都不是

5. 在 Dreamweaver 中，调整图像属性按下（　　　）键，拖动图像右下方的控制点，可以按比例调整图像大小。

　　A. Shift　　　　B. Ctrl　　　　C. Alt　　　　　D. Shift+Alt

6. 网页命名规则一般遵循的原则，以下不属于的是（　　　）。

　　A. 汉语拼音　　B. 英文缩写　　C. 英文原意　　D. 中文汉字

二、多选题

1. 可以对文本设置的对齐方式有（　　）。
   A. 分散对齐　　　　　　　　B. 居中
   C. 左对齐　　　　　　　　　D. 右对齐
2. 在"页面属性"对话框中，我们可以设定的属性有（　　）。
   A. 默认字体家族　　　　　　B. 字号大小
   C. 背景颜色　　　　　　　　D. 超链接数量
3. Dreamweaver CS 提供了（　　）文档窗口视图。
   A. 设计视图　　　　　　　　B. 混合视图
   C. 拆分视图　　　　　　　　D. 代码视图
4. 下列关于使用跟踪图像的说法中正确的是（　　）。
   A. 可以使用跟踪图像作为重新创建已经使用图形应用程序（如 Macromedia Freehand 或 Fireworks）创建的页面设计的向导
   B. 作用不大
   C. 跟踪图像是放在"文档"窗口背景中的 JPEG、GIF 或 PNG 图像
   D. 可以隐藏图像、设置图像的不透明度和更改图像的位置
5. 网页可以支持的图像格式有（　　）。
   A. GIF　　　　B. BMP　　　　C. PSP　　　　D. PSD
   E. PNG　　　　F. JPEG
6. 在网页中插入图像的方法有（　　）。
   A. 单击插入栏上的插入图像按钮
   B. 选择 Insert 菜单下的 Image 命令
   C. 单击主窗口状态栏上的插入图像按钮
   D. 右单击网页，在弹出的快捷菜单中选择 Insert Image 命令

三、填空题

1. 在 Dreamweaver 中进行文本换行时，按_____键，段落间距较大。按_____键，间距较小。
2. 项目列表，也称_____。项目列表一般使用_____作为前导字符，各项目之间是_____，_____先后顺序。
3. 编号列表是对文本内容进行_____排列，因此又称为_____列表。在编号列表中，文本前面的前导字符可以是_____、_____或_____等。
4. 图片的编辑工具项有_____、_____、_____、_____、_____等项。
5. _____边距和_____边距是用来设置图像与四周环绕文本之间的间隔。

四、简答题

1. 在网页中要是进行图片和文本的混合排版的方法有哪几种？

2．如何为图像添加"欢迎您光临本站"说明文字？

3．如何在 Dreamweaver 中插入一个 E 盘下 aa.swf 的 Flash 文件？

五、操作题

制作一个介绍自己的个人网页。要求图文并茂，有个人特色。

# 项目五

# 表格的运用

在网页设计中，表格是个不可或缺的元素，它的使用最为广泛，大多数的网页都是用表格来组织的。利用设置表格来组织网页内容，对网页中的元素实现准确的定位，既可以使页面更加丰富多彩，错落有致，又使得整个网页布局合理、结构协调。合理的设置表格内容，并充分发挥想象力，有时可以得到别出心裁的效果！

### 任务目标

◆ 了解创建与调整表格的方法
◆ 理解各种表格模式
◆ 掌握利用布局模式进行布局的方法
◆ 灵活运用表格来进行网页的布局

# 任务一 创建表格

## 操作 5.1 在网页中插入表格

**操作步骤**

1）打开一个页面，在需要放置表格的位置点击鼠标左键。

2）选择"插入记录"菜单中的"表格"命令，或单击"布局"面板上的"插入表格"按钮图标 圖，即可调出"插入表格"对话框，如图 5.1 所示。

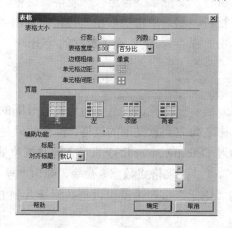

图 5.1 "插入表格"对话框

"插入表格"对话框内各主要选项的作用：

① "行数"和"列数"：输入表格的行数和列数。

② 表格宽度：输入表格的宽度值。有"百分比"和"像素"两种单位可供选择。

③ 边框：输入表格的边框宽度数值。当其值为 0 时，表示没有表格线。

④ 单元格边距：表示单元格之间两个相邻边框线（左与右、上和下边框线）间的距离。

⑤ 单元格间距：用于输入单元格内的内容与单元格边框间的空白数值，即单元格四周的空白处。

3）设置插入表格的行数以及列数，将在 Dreamweaver 中插入一个表格，如图 5.2 所示。

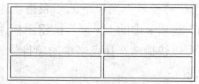

图 5.2 插入一个 3 行 2 列的表格

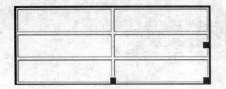

图 5.3　表格周围的控制柄

**操作 5.2　调整表格大小**

　　单击边表格边框，选中表格，再用鼠标拖动各个方向的黑色控制柄即可调整表格的大小。同样，可以单独调节表格中的列或行的宽度，如图 5.3 所示。

**操作 5.3　导入外部数据**

　　可以使用 Dreamweaver CS3 将表格数据导出到文本文件中，其中相邻单元格的内容，可以选择逗号、句号、分号、或空格等作为分隔符来隔开。

　　选中要导出的表格，执行"文件"、"导出"、"表格"命令，弹出"导出表格"对话框，在此设置定界符与换行符，然后单击"导出"按钮，弹出"表格导出为"对话框，选择一个记事本文件，单击"保存"，就实现了数据的导出。

**操作 5.4　导出表格数据**

　　表格式数据：是以 Tab 键、空格键、或逗号句号键等分隔的数据，这些数据通常是文本文件，这些表格不能称之为完全意义上的表格，因为他只是通过各种定界符去分隔起来的数据。我们可以通过 Dreamweaver CS3 来导入这种表格式数据。

　　执行"文件"、"导入"、"导入表格式数据"命令，弹出"导入表格式数据"对话框，设置好各项参数后，单击"确定"按钮，就可以把数据导入到 Dreamweaver CS3 中。

## 任务二　认识扩展表格模式

**知识 5.1　认识扩展表格模式**

　　使用扩展表格模式是 Dreamweaver CS3 的新增选项，扩展表格模式可以对网页中的所有表格添加单元格边距和间距，并增加表格的边框来使编辑操作更加简便。

**操作 5.5　进入和退出扩展表格模式**

 **操作步骤**

　　1）选择"查看"菜单下的"表格模式"选项，单击"扩展表格模式"命令，或单击"布局"选项卡中的"扩展"按钮图标 标准 扩展 ，即可以进入到扩展表格模式。利用这种模式，可以快捷地选择表格中的项目或者精确地放置插入点，避免无意中选中其他不相关的元素。

　　2）单击文档顶部的"扩展表格模式"条上的"退出"，或单击"布局"选项卡中的

"标准"按钮图标，即可退出扩展表格模式。

# 任务三　运用布局表格布局网页

### 知识 5.2　认识布局视图

　　布局视图下可以利用布局模式编辑网页，相对于单纯使用表格进行网页布局来说，它使对网页的布局变得更加轻松，尤其是在制作各种复杂的网页布局时十分方便。使用"布局"模式对网页编辑的过程中，主要使用布局表格和布局单元格来进行页面布局。其中，既可以使用在一个布局表格中使用多个布局单元格来对网页布局，也可以使用多个单独的布局表格进行复杂的布局。

### 操作 5.6　创建布局表格和布局单元格

**操作步骤**

　　1）选择"查看"菜单下的"表格模式"选项，单击"布局模式"命令，可以切换到布局模式。

　　2）在布局模式下，单击"插入记录"菜单下的"布局对象"，选择"布局表格"命令。此时鼠标指针变为"+"形，按住鼠标左键拖动，即可绘制出相应的布局表格，如图 5.4 所示。

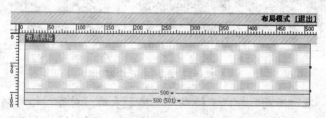

图 5.4　绘制布局表格

　　3）在布局模式下，单击"插入记录"菜单下的"布局对象"，选择"布局单元格"命令。或单击"绘制布局单元格"按钮图标，此时鼠标指针变为"+"形，按住鼠标左键拖动，即可绘制出相应的布局单元格，如图 5.5 所示。

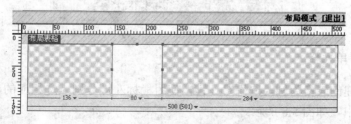

图 5.5　绘制布局单元格

操作 5.7 编辑布局表格和布局单元格

 操作步骤

1）使用鼠标左键单击布局表格将其选中，可以通过拖动其边缘框上的控制点来对表格进行缩放，也可以通过下方的布局表格属性面板实现对布局表格的编辑。图 5.6 是修改了表格背景颜色与间距之后的效果。

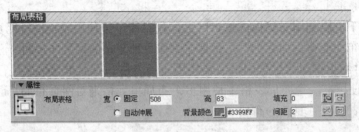

图 5.6 修改布局表格属性

2）使用鼠标左键单击布局单元格将其选中，可以拖动其控制点来对单元格进行缩放，也可以通过下方的布局单元格属性面板实现对布局单元格的编辑。图 5.7 是修改了单元格背景颜色与大小之后的效果。

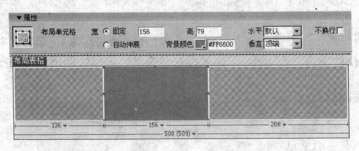

图 5.7 修改布局单元格属性

在"布局"模式下绘制单元格和表格，对齐网格有助于对齐单元格。布局单元格不能存在于布局表格之外。在绘制布局表格时按住键盘上的 Ctrl 键，拖动鼠标就可以连续绘制出多个布局表格。

任务四 编辑表格

操作 5.8 选择单元格

以刚才创建的表格为例，按住 Ctrl 键，使用鼠标左键分别点选相应的单元格，当前单元格即被选中，如图 5.8 所示。

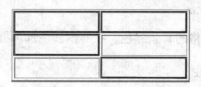

图 5.8　选中单元格

## 操作 5.9　合并与拆分单元格

 **操作步骤**

1）选中需要合并的单元格，执行"修改"菜单下的"表格"、"合并单元格"命令；或直接在选中的单元格上点击鼠标右键，在弹出的菜单中选择"合并单元格"命令，即可以对所选单元格进行合并，如图 5.9 所示。

图 5.9　合并单元格

2）在单元格中单击鼠标左键，选中当前单元格，执行"修改"、"表格"、"拆分单元格"命令，在弹出的对话框中输入要拆分的行数或列数，即可对所选单元格进行拆分，如图 5.10 所示。

图 5.10　拆分单元格

## 操作 5.10　设置表格整体属性

可以通过位于界面下方的表格属性面板来设置表格的属性，如图 5.11 所示。

图 5.11　表格属性面板

表格属性面板中主要包括以下内容：
1）行数/列数：表格行或列的数目。
2）宽度：表格的宽度，有百分比和像素两种单位。

3）对齐：表格对齐方式。

4）背景颜色：整个表格的背景颜色，在右侧颜色选项框里可以设置具体颜色。

## 操作 5.11 设置单元格属性

可以通过位于界面下方的表格属性面板来设置表格的属性，如图 5.12 所示。

图 5.12 单元格属性面板

单元格属性面板中主要包括以下内容：

1）水平：设置单元格中内容的水平对齐方式。

2）垂直：设置单元格中内容的垂直对齐方式。

3）背景：设置当前选中单元格的背景图片，可以直接在后面对话框中输入背景图片所在路径；也可以点击旁边的文件夹图标选择背景图片所在的位置。

4）边框：单元格的边框颜色。

 实训项目

### 实训 5.1 "奥运网"制作

#### 1. 建立站点及网页

1）在 D 盘建立站点目录 myproject5 以及子目录 images 和 files，在"高级"标签中定义站点，站点名为"奥运网"，如图 5.13 所示。

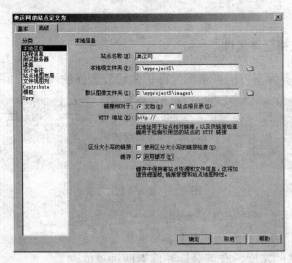

图 5.13 站点定义

2）在 Dreamweaver 起始页中的"创建新项目"中单击"HTML"，创建新网页。

**2. 进行网页布局**

1）单击"查看"、"表格模式"、"布局模式"命令，将视图切换到布局模式下，如图 5.14 所示。

2）使用"布局表格"工具绘制一个宽 780 像素、高 160 像素的表格，如图 5.15 所示。

图 5.14 站点定义

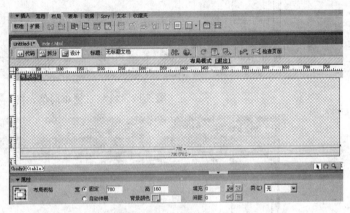

图 5.15 绘制标题部分的布局表格

3）使用布局单元格图标在表格左侧绘制一个宽 160 像素、高 160 像素的单元格，如图 5.16 所示。

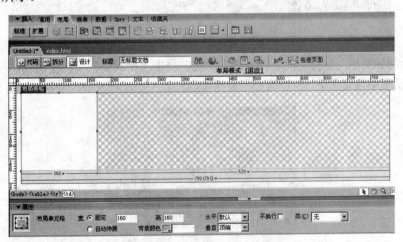

图 5.16 绘制左侧布局单元格

4）同样使用布局单元格在表格右侧绘制一个宽 620 像素、高 160 像素的单元格，如图 5.17 所示。

5）切换到标准模式下，选中整个表格，打开表格属性控制面板，将表格的对齐模式设置为"居中对齐"，以使表格处在居中位置，如图 5.18 所示。

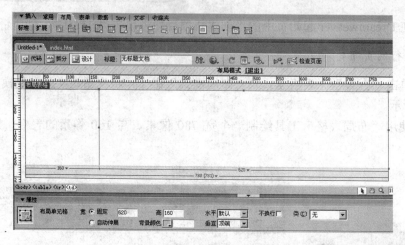

图 5.17　绘制右侧布局单元格

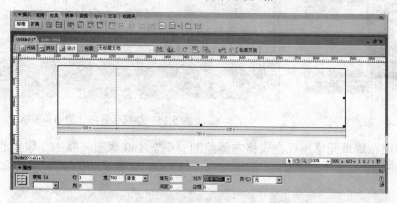

图 5.18　设置表格居中

6）绘制导航栏：保持当前表格被选中状态，单击"插入表格"按钮图标，在弹出的插入表格对话框中设置如下，会在第一个表格下方插入一个 1 行 6 列的表格，如图 5.19 所示。

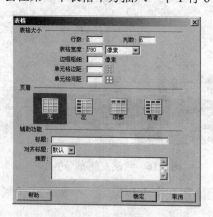

图 5.19　设置一个 1 行 6 列的表格

7）选中新插入的表格，在属性面板中设置其对齐方式为居中对齐，间距为 0，如图 5.20 所示。

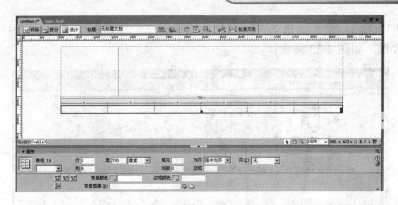

图 5.20 设置表格制作导航栏

3. 将页面内容插入布局表格中

1）现在可以向表格中插入内容了，选中表格 1 的左侧单元格，在单元格属性面板中的"背景图像"对话框中输入图像所在位置，使用一张图片作为背景图像。完成标志部分的制作，如图 5.21 所示。

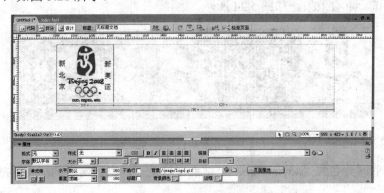

图 5.21 插入相同大小的图片作为单元格背景

2）选中此表格的右侧单元格，执行"插入记录"、"媒体"、"Flash"，插入一个制作好的 Flash 文件，完成广告条部分的制作，如图 5.22 所示。

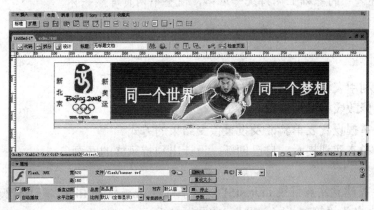

图 5.22 插入 Flash 放置在右侧单元格内

3）选中表格 2，设置表格的背景图片为与其中一个单元格相同大小的图片，来制作导航栏的背景，如图 5.23 所示。

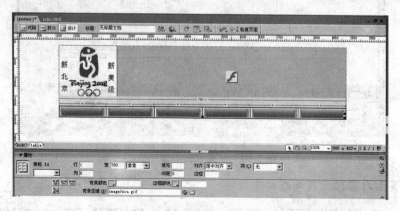

图 5.23　设置导航栏背景

4）在每个单元格中输入文字内容，设置文字对齐方式为居中对齐，完成导航部分的制作。测试一下看效果，如图 5.24 所示。

图 5.24　在导航栏中输入文字

保存当前网页名为"aoyun.htm"至站点根目录下，奥运网页的标头就基本完成了。

　插入的各个元素都要放置在"ao yun"根目录的合适的文件夹下，例如图片统一放置在 D 盘的"ao yun"目录下的"image"文件夹下，方便进行插入和归类，在使用的元素的设计上，尽量在具有个人特色的基础上保持统一风格，使整个网页浑然一体。

## 实训 5.2　"篮球爱好者网"制作

【实训目的】

1）掌握利用表格进行布局的方法。

2）掌握修改表格属性设置。

3）初步掌握设置表单验证及设置接受结果的方式。

4）可参考本实训提示，自己创新，设计出独特风格的网页。

【实训提示】

1）在 D 盘建立站点目录 mytest51 以及子目录 images 和 files，在"高级"标签中定义站点，站点名为"篮球爱好者网"，如图 5.25 所示。

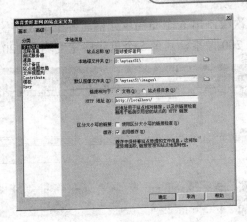

图 5.25 站点定义

2）在 Dreamweaver 起始页中的"创建新项目"中单击"HTML"，创建新网页。单击"文件"、"保存"，将文件命名为"index.htm"，保存在站点根目录下。

3）制作标题部分。单击"查看"菜单，选择"表格模式"、"布局模式"，将视图切换到布局模式。使用布局表格按钮绘制一个宽 800 像素、高 130 像素的布局表格，并在布局表格内部绘制出相应的布局单元格，如图 5.26 所示。

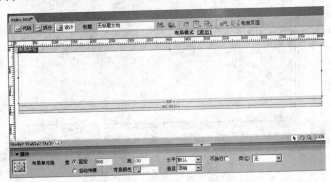

图 5.26 插入布局表格制作标题部分

4）制作导航部分。使用布局表格按钮在标题表格的下方再绘制一个宽 800 像素、高 20 像素的布局表格，如图 5.27 所示。

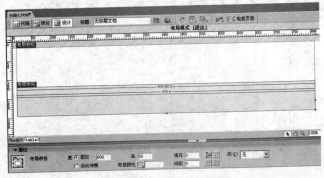

图 5.27 导航部分布局表格

在布局表格内部依次绘制出 6 个布局单元格。各个单元格的高度都是 20 像素，其中第一个单元格宽度为 200 像素，其余 5 个单元格宽度均为 120 像素，如图 5.28 所示。

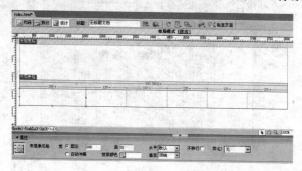

图 5.28　导航部分布局单元格

5）制作正文部分。使用布局表格按钮在导航栏表格的下方再绘制一个宽 800 像素、高 336 像素的布局表格，如图 5.29 所示。

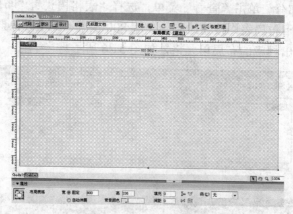

图 5.29　正文部分布局表格

在布局表格内部依次绘制出个部分的布局单元格。其左上角单元格宽高值为 206×199 像素，如图 5.30 所示。

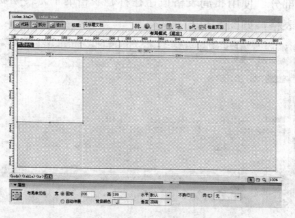

图 5.30　正文部分左上侧布局单元格

其左下角单元格宽高值为 206×137 像素，如图 5.31 所示。

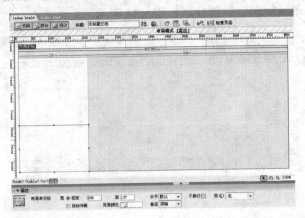

图 5.31　正文部分左下侧布局单元格

其右上角单元格宽高值为 594×123 像素，如图 5.32 所示。

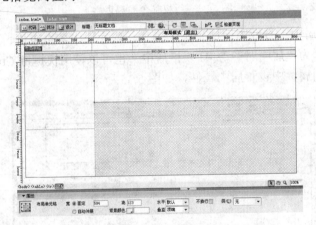

图 5.32　正文部分右上侧布局单元格

其左上角单元格宽高值为 594×213 像素，如图 5.33 所示。

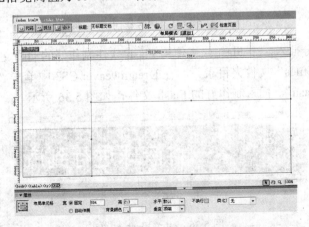

图 5.33　正文部分右下侧布局单元格

6）制作版权部分。使用布局表格按钮在正文表格下方绘制一个宽 800 像素、高 100 像素的布局表格来布局版权信息部分，如图 5.34 所示。

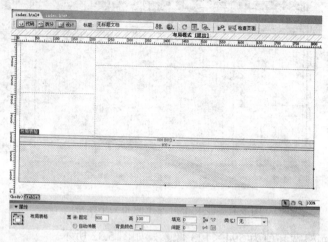

图 5.34　版权部分布局表格

7）制作表格居中。将视图切换到标准模式，依次选中各个表格，并在表格属性中设置"对齐方式"为"居中对齐"，使表格居中。也可以使用快捷键 Ctrl+A 将页面中的内容全选，在页面属性中设置居中属性，如图 5.35 所示。

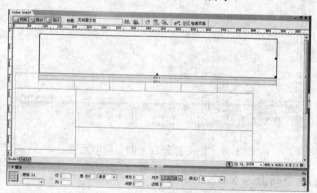

图 5.35　设置表格居中

8）在标题部分插入一个 Flash，将使用 Flash 软件制作好的动画文件 "biaoti" 保存在本站点目录的 "files" 文件夹目录下，在 Dreamweaver CS3 中单击 "插入记录" 菜单下的 "媒体"、"Flash"，插入制作好的 Flash 文件，如图 5.36 所示。

图 5.36　插入 Flash 标题

9）美化导航栏部分。将制作好的导航栏按钮图片保存在本站点目录的"images"目录下，在 Dreamweaver CS3 中，在导航栏部分的各个单元格里依次插入图片"dh1"、"dh2"、"dh3"、"dh4"、"dh5"、"dh6"，完成导航栏的美化，如图 5.37、图 5.38 所示。

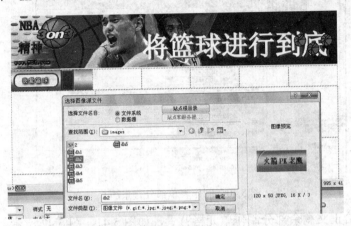

图 5.37 美化导航栏

图 5.38 导航栏完成效果

10）正文部分的美化。在正文的各个单元格中依次插入"zhengwen1"图片作为篮球网站宣传元素，如图 5.39 所示。

图 5.39 正文部分插入图片完成效果

11）制作表单背景。选中正文部分表格的左下角单元格，在单元格属性选项中设置单元格背景为图片"biaodan"，为表单部分加入背景，如图 5.40 所示。

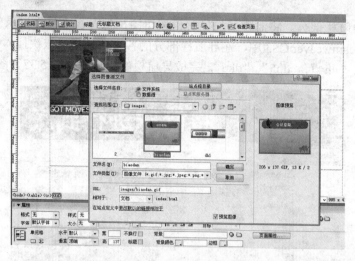

图 5.40　制作表单部分背景图片

12）依次给正文剩余部分制作单元格背景，如图 5.41、图 5.42 所示。

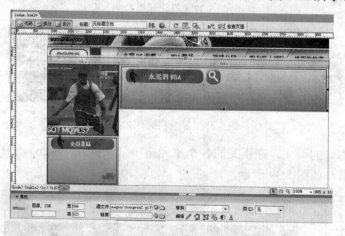

图 5.41　制作正文背景

图 5.42　制作正文背景

13）制作版权部分背景：使用图片"banquan.jpg"作为版权部分背景，如图 5.43 所示。

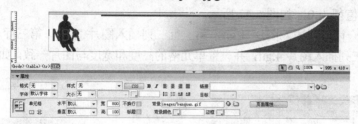

图 5.43　制作版权部分背景

14）最后在表格的合适位置添加上文字，并为页面加入背景图片，网页的基本排版就完成了，最后效果如图 5.44 所示。

图 5.44　制作版权部分背景

 知识拓展　表格的高级操作：制作圆角表格

做网页时候为了美化网页，常常把表格边框的拐角处做成圆角，这样可以避免直接使用表格直角的生硬，使得网页整体更加美观。下面就给大家介绍一种制作圆角表格的办法，它能很好地适应各种浏览器和不同分辨率，大部分网页都使用这种方法。

1）先用 Photoshop 等作图软件绘制一个圆角矩形，再用"矩形选框"工具选取左上角的圆角部分，如图 5.45 所示，复制它。

2）保持选取，直接新建一幅图像，Photoshop 会根据选取部分的高度、宽度自动设置新建图像的大小。执行"粘贴"命令，保存为.gif 格式。

3）重复步骤 2，分别用"水平翻转"工具和"垂直翻转"工具，保存另外三个方向的圆角，名称为 1.gif、2.gif、3.gif、4.gif，如图 5.46 所示。

图 5.45　选取圆角部分　　　　图 5.46　保存图片为".gif"格式

4）打开 Dreamweaver CS3，插入一个三行三列的表格，设置其边框、单元格边距和单元格间距值都为 0，如图 5.47 所示，

分别在第一行一列插入图片 1.gif，第一行三列插入图片 3.gif，第三行一列插入图片 2.gif，第三行三列插入图片 4.gif，并设置单元格的高度和宽度与图片一致，如图 5.48 所示。

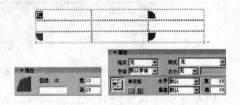

图 5.47　表格设置对话框　　　　　　图 5.48　设置单元格的宽高与图片一致

设置第一行二列和第三行二列的单元格背景颜色为与圆角图片一致的颜色，如图 5.49 所示。

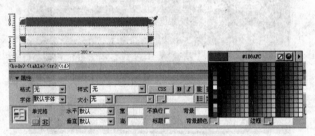

图 5.49　设置单元格背景色

选中一行二列单元格，打开源代码察看器，在<td bgcolor="#1B6AFC"> </td> 这行中删除其中的字符 ，如图 5.50 所示（Dreamweaver CS3 会自动在每个单元格中插入此字符，若不删除会撑大表格）。重复上述步骤，做好第三行二列的单元格。最后效果如图 5.51 所示。

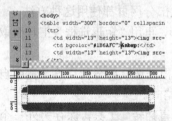

图 5.50　删除字符　　　　　　　　图 5.51　删除字符后的效果

调整表格宽度和高度，添加上文字，即完成了圆角表格的制作，如图 5.52 所示。

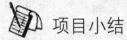

图 5.52　圆角表格显示效果

## 项目小结

表格通常可以使信息更容易理解。利用 Dreamweaver

CS3 强大的表格功能，用户可以方便地创建出各种规格的表格，并能对表格进行特定的修饰，从而使网页更加生动活泼。表格在网页设计中的地位非常重要，可以说如果表格用不好的话，就很难设计出出色的网页。表格的作用除了可以辅助排版，还可以制作出多种效果，例如一条水平线可以利用一个一行一列的单元格制作出来，发挥自己的观察能力，以及创造能力，多思考利用表格还可以制作出什么样的效果。

 思考与练习

一、选择题

1. 在"布局"模式中，可以使用"标准"中的（    ）。

    A."插入表格"工具         B."绘制层"工具

    C."插入 div 标签"工具     D."插入图像"工具

2. 通过（    ）可以进入布局模式进行网页编辑。

    A."查看"菜单             B."编辑"菜单

    C."修改"菜单             D."插入记录"菜单

3. 要将图 5.53 所示的表格修改为图 5.54 所示的状态，不能执行的操作是（    ）。

     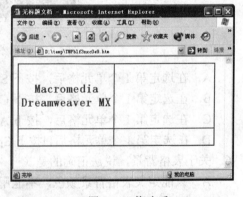

图 5.53   原表            图 5.54   修改后

    A. 选中整个表格，在属性面板中将表格的行数从 1 改为 2

    B. 依次将左右单元格拆分为两行

    C. 将光标放在表格中的任意位置，执行命令"修改"、"表格"、"插入行或列"，在弹出的对话框中选择插入行，行数为 1，位置为"所选之下"

    D. 将光标放在表格中的任意位置，执行命令"修改"、"表格"、"插入行"

4. 如图 5.55 所示，使用 Dreamweaver CS3 将任一个单元格拆分为 3 行的操作正确的是（    ）。

    A. 表格属性栏"拆分"对话框，列数 3

    B. 表格属性栏"拆分"对话框，行数 3

    C. 右键菜单→表格→插入行

    D. 直接单击 Tab 键两次

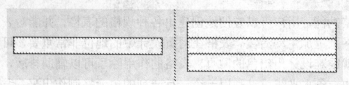

图 5.55 单元格拆分

5. 如图 5.56 所示，选择多个不连续的单元格。下面各项操作中能实现这种选择的是（　　）。

图 5.56 选择不连续的单元格

   A. 在选定第 1 个单元格后，按下 Shift 键，并用鼠标单击其他要选择的单元格

   B. 在选定第 1 个单元格后，按下 Ctrl 键，并用鼠标单击其他要选择的单元格

   C. 在选定第 1 个单元格后，按下 Alt 键，并用鼠标单击其他要选择的单元格

   D. 在选定第 1 个单元格后，按下 Space 键，并用鼠标单击其他要选择的单元格

6. 关于表格背景，说法正确的是（　　）。

   A. 只能定义表格背景颜色，不能用图片作为表格背景

   B. 可以使用颜色或图片作为表格背景图，但图片格式必须是 GIF 格式

   C. 可以使用颜色或图片作为表格背景图，但图片格式必须是 JPEG 格式

   D. 可以使用颜色或图片作为表格背景图，可以使用任何的 GIF 或者 JPEG 图片文件

7. 设置表格的行数和列数，不能采用的方法是（　　）。

   A. 在插入表格时设置表格的行数和列数

   B. 打开代码视图，在<table>标签中修改相应属性，以修改表格的行数与列数

   C. 选中整个表格，在属性面板中修改其行数和列数

   D. 通过拆分、合并或删除行、列来修改行数与列数

8. 在表格单元格中可以插入的对象有（　　）。

   A. 文本　　　　　　　　　　B. 图像

   C. Flash 动画　　　　　　　D. 以上都是

二、简答题

1．"插入表格"对话框内各主要选项的作用？

2．使用 Dreamweaver CS3 将表格数据导出到文本文件中的步骤是怎样的？

三、操作题

利用布局表格排版制作一个网页，排版时要注意留出以下区域：网页标志区域、广告区域、导航区域、正文区域以及版权区域。整体外观要求协调中富于变化、重点区域突出，并富有创新性。

# 项目六

# 超级链接的设置

　　超级链接是网页中非常重要的一部分，可以说，没有超级链接就没有互联网的今天。在前面的章节里，已基本掌握并建立好了一个本地站点和相关的网页文件。接下来就是在这些网页中插入到其他文档的连接。

### 任务目标

◆ 理解超级链接的定义
◆ 理解绝对路径和相对路径的含义
◆ 掌握在网页创建各种超级链接的方法
◆ 了解导航条的创建

## 任务一　认识超级链接

### 知识 6.1　超级链接的定义

所谓的超级链接是指从一个网页指向一个目标的连接关系，这个目标可以是另一个网页，也可以是相同网页上的不同位置，还可以是一个图片，一个电子邮件地址，一个文件，甚至是一个应用程序或者一个网站的地址。而在一个网页中用来超链接的对象，可以是一段文本或者是一个图片。当浏览者单击已经链接的文字或图片后，链接目标将显示在浏览器上。

### 知识 6.2　超级链接的分类

根据链接的路径不同，超级链接可以分为：绝对超链接和相对超链接。

绝对超链接使用的是绝对地址，绝对地址的 URL 格式为"协议：//域名/目录/文件名"，协议常用的有 FTP 和 HTTP 等。域名就是服务器的地址，可以是 IP 地址，比如 192.168.3.3，也可以是文字域名，比如 http://www.sina.com/index.htm。一般来讲，如果链接对象不在本网站内，建议使用绝对超链接。

相对超链接使用相对地址，所谓相对地址就是缺少 URL 中的一个或者多个组成部分。一般同一个网站内相互的超链接都使用相对链接。相对地址又分为根文件夹相对地址和文档相对地址，前者以"/"开头，比如：/index.htm 就是指站点根文件夹中的 index.htm 文件。文档相对地址是以当前网页文件所在文件夹为基础的地址，比如：download.asp 是指当前网页文件所在文件夹中的 download.asp 文件。

根据链接使用对象不同，超级链接又可以分为：文本超级链接、图像超级链接、电子邮件超级链接、锚记链接等。Dreamweaver CS3 中提供了多种创建超级链接方法。以下内容将详细学习各类超级链接的制作。

## 任务二　创建超级链接

### 操作 6.1　创建文本超级链接

1．用"属性"面板创建文本链接

**操作步骤**

1）打开一个要创建文本超级链接的网页，选中用于创建链接的文本。
2）执行下列操作之一：
① 在"属性"面板的"链接"文本框中输入链接对象的路径和名称。

② 拖动"属性"面板上"链接"文本框后面的图标到"文件"面板中目标对象上。

③ 单击"属性"面板上"链接"文本框后面的"浏览文件"按钮，打开"选择文件"对话框，在该对话框中选择要链接的对象，单击"确定"按钮。

3）在"属性"面板的"目标"下拉菜单中选择目标对象打开的方式。"目标"下拉列表中有四个选项，如图 6.1 所示，其意义如下：

图 6.1  创建链接时的"属性"面板

① _blank：在新窗口中打开链接对象。

② _parent：在父窗口中打开链接对象。

③ _self：在当前窗口打开链接对象，该项为默认选项。

④ _top：在最顶端的窗口中打开链接对象。

这里，如果没有特殊要求，我们使用默认选项即可。超链接创建后，链接文字下面会出现蓝色的下划线。

**2. 用菜单创建文本链接**

 **操作步骤**

1）将插入点定位到要创建超级链接的位置。

2）单击"插入记录"菜单中的"超级链接"命令，打开"超级链接"对话框，如图 6.2 所示。在该对话框中进行相关设置。设置完毕，单击"确定"按钮。

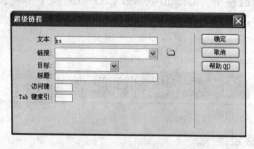

图 6.2  "超级链接"对话框

"超级链接"对话框中，常用选项的含义如下：

①  "文本"文本框：用于输入在网页中作为超级链接的文本。

②  "链接"文本框：用于输入目标文档的路径和名称，也可以单击后面"浏览"按钮，在打开的对话框中选择目标文件。

③  "目标"下拉列表框：意义同"属性"面板中的"目标"列表框。

④  "标题"文本框：输入当光标移向该链接时将要显示的文字，功能类似于"属

性"面板中的"替代"文本框。

以上各选项只有前两项为必选项。

　提示　在利用"属性"面板创建超链接时，只有在"链接"文本框中输入目标
文件后，"目标"列表框的内容才可用。

## 操作 6.2　创建图像超级链接

图像超级链接就是在图像上加入链接信息，相对文本超链接而言，图像超链接更加生动形象，因此在网站中得到极为广泛的应用，许多新闻、广告都采用图像链接。其创建步骤和文本超链接的创建类似。

1）打开一个网页，在适当位置插入一幅图片。

2）单击该图片，在"属性"面板中的"链接"文本框中输入要链接的对象的路径和名称，在"目标"下拉列表中选择打开链接窗口的方式，在"替代"文本框中输入图片不能正常显示或者当鼠标放在该图片上时将显示的提示性文字，设置如图 6.3 所示。

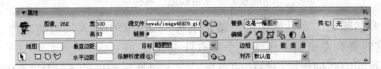

图 6.3　图像的"属性"面板

3）执行"文件"菜单中的"保存"命令保存网页文件，按 F12 键预览效果。

## 操作 6.3　创建电子邮件超级链接

为了方便访问者对网站提意见或者进行其他联系。可以把电子邮件地址做上超链接，浏览者单击电子邮件链接就会自动打开电子邮件软件，并在收信人地址栏自动填写该链接所用的电子邮件地址。

1）打开一个网页文件。

2）选中要作为电子邮件链接的文本或其他对象。

3）在"属性"面板的"链接"文本框中输入电子邮件地址，如图 6.4 所示。

4）完成制作后，按 F12 键预览一下网页，点击刚建的电子邮件超链接就会自动弹出发送电子邮件的窗口。

图 6.4　电子邮件超链接

提示　在"链接"文本框中输入的电子邮件地址前必须加"mailto:"，并且中间不能有空格，冒号必须半角。

## 操作 6.4　锚记链接

当在同一个网页内的不同内容之间进行跳转时，可以通过创建锚记链接。

 操作步骤

1）打开一个篇幅较长的网页文件。

2）将光标于网页中的目标位置。执行菜单"插入记录"中的"命名锚记"命令，打开如图 6.5 所示的对话框。

图 6.5　"命名锚记"对话

3）在"命名锚记"对话框中的"锚记名称"文本框中输入锚点的名称，单击"确定"按钮，这时就会在页面中出现一个锚点标记 。

4）选中页面中要创建锚记链接的对象，在"属性"面板的"链接"框中输入"#"+锚点名称，如图 6.6 所示，这时一个锚记链接就创建了，当点击该超链接时，就会跳转到锚点所在的位置。

图 6.6　创建锚记链接时的"属性"面板

提示　锚点名称不能用中文，不能包含空格，不能以数字开头并且锚点不能位于层中。

## 操作 6.5　创建热点链接

上面已经介绍了图像超链接，除了上面的方法外，我们还可以把图像的一部分区域做成链接。

 操作步骤

1）选中要创建热点链接的图像，单击图像的"属性"面板中的热点工具按钮。属性面板中有三个热点工具，其功能如下：

矩形热点工具按钮：在图像上拖动鼠标时，可以创建一个矩形热区。

椭圆形热点工具按钮◯：在图像上拖动鼠标时，可以创建一个圆形热区。

多边形热点工具按钮▽：在图像上拖动鼠标时，可以创建一个不规则的热区。

2）在图像中拖动鼠标就创建了相应的热区。

3）选择刚创建的热区，在其"属性"面板的"链接"框中输入目标对象。

4）重复上述操作可以创建其他的热点链接。

## 任务三　创建导航条

导航条由一个或者多个图像组成，其显示根据鼠标动作的不同而有所改变。

### 操作 6.6　插入导航条

 **操作步骤**

1）打开要插入导航条的网页文件.

2）单击"插入记录"菜单中的"图像对象"下面的"导航条"命令，如图 6.7 所示。
打开"插入导航条"对话框，如图 6.8 所示。

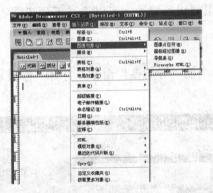

图 6.7　插入导航条的菜单命令

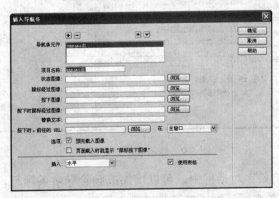

图 6.8　"插入导航条"对话框

3）在"插入导航条"对话框中，进行设置。对话框中各选项的功能如下：

"添加项"按钮 ⊞：单击该按钮，可以增加一个菜单项。

"删除项"按钮 ⊟：单击该按钮，可以将选中的菜单项删除。

"在列表中上移项" ▲：单击可以将选中项向上移。

"在列表中下移项" ▼：单击可以将选中项向下移。

"项目名称"文本框：用来输入导航条项目的名称，名称只能由字母和数字组成，且不能以数字开头。

"状态图像"文本框：用于指定最初显示的图像。

"鼠标经过图像"文本框：用于指定当鼠标移过时所显示的图像。

"按下图像"文本框：用于指定当按下鼠标时所显示的图像。

"按下时鼠标经过图像"文本框：用于指定鼠标移过按下图像时所显示的图像。

"替换文本"文本框：当图像不能正常显示时，用于显示的文本。

"按下时，前往的 URL"：用于输入导航条项目链接的 URL 地址。

"插入"下拉列表框：用于选择在文档中插入的导航条是垂直还是水平。

4）设置完毕，单击"确定"按钮退出对话框。

### 操作 6.7　编辑导航条

当创建导航条后，如果要进行修改，可以通过下列步骤实现。

 **操作步骤**

1）执行"修改"菜单中的"导航条"命令，打开"修改导航条"对话框，如图 6.9 所示。

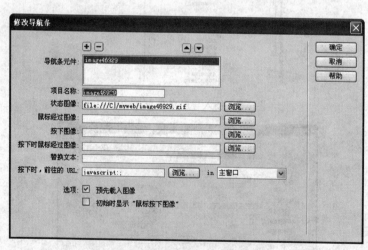

图 6.9　修改导航条对话框

2）在"修改导航条"对话框中，可以增加或删除导航条项目，可以更换导航条所用图像，还可以更改单击项目时所打开的链接文件等。

# 实训项目

**实训 6.1 "集邮网"网站制作**

## 1. 创建站点根目录

在 D 盘创建本地站点，站点名为"中国邮票"，本地文件夹为"D:\myproject6"，在站点根目录下创建 images 文件夹，如图 6.10 所示。

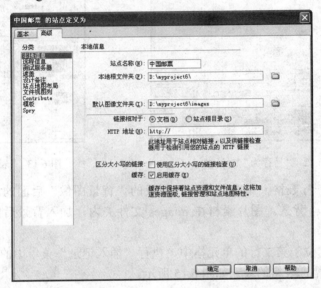

图 6.10 定义"中国邮票"站点

## 2. 创建首页文件

1）按 Ctrl+S 键，在打开的"新建文档"对话框中选择"空白页"、"HTML"、"无"，单击"创建"按钮，新建一个空白网页文件，如图 6.11 所示。

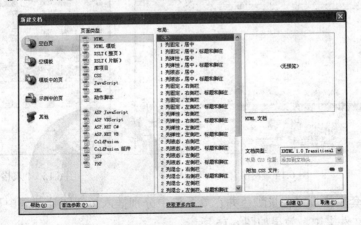

图 6.11 "新建文档"对话框

2）按 Ctrl+S 键，将网页以 index.htm 保存在站点根目录中，如图 6.12 所示。

3）在 index.htm 网页中插入一个 2×1 的表格，表格的宽度设为 800 像素，边框粗细设为 0，如图 6.13 所示。

图 6.12 "另存为"对话框

图 6.13 "表格"对话框

4）选中第一行表格，单击"属性"面板的"背景图像"后面的浏览按钮，选择一幅图片作为表格背景。图片素材在 images 文件夹内，加入背景后的网页如图 6.14 所示。

5）将光标定位于第二行的单元格中，执行"插入记录"菜单中的"表格"命令，插入一个嵌套表格，表格的设置如图 6.15 所示。

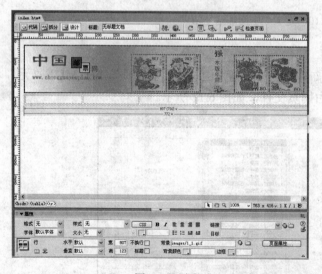

图 6.14 表格背景

图 6.15 "表格"对话框

6）为嵌套表格设置背景颜色并在单元格中分别插入按钮图片并居中显示，图片文件在 images 文件夹中，效果如图 6.16 所示。

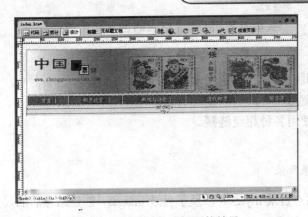

图 6.16 插入导航按钮后的效果

### 3. 创建超级链接

1）选中嵌套表格中第一个单元格内的"首页"按钮图片，在"属性"面板的"链接"文本框中输入"index.htm"。

2）创建空白网页"ypxs.htm"（邮票欣赏），选中第二个单元格中的"邮票欣赏"图片，在"属性"面板的"链接"文本框中输入"ypxs.htm"建立超级链接。

3）同样方法分别创建"新闻与评论"、"清代邮票"页面，并创建超级链接。

4）为"留言簿"创建电子邮件链接：选中"留言簿"图片，在"链接"文本框中输入"maito:XXX@eyou.com"，如图 6.17 所示。

图 6.17 创建邮件链接

### 4. 美化网页

在首页文件中的合适位置插入层，在层中插入图片，如图 6.18 所示，在右侧插入文字内容，完成后的效果如图 6.19 所示。

图 6.18 站点文件结构图

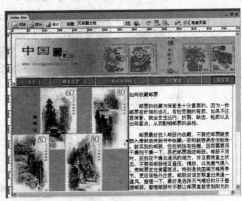

图 6.19 最终效果

## 实训 6.2　制作"中国的世界文化遗产"

### 【实训目的】

1）掌握在网页中创建各种超级链接的方法。

2）学会正确使用相对路径和绝对路径。

3）学会合理使用各种超级链接。

### 【实训提示】

#### 1. 建立站点根目录

在 D 盘建立站点目录 mytest6 以及子目录 images，创建站点后的设置如图 6.20 所示。

图 6.20　站点定义

#### 2. 创建主页文件

1）创建一个空白的网页文件。

2）插入一个表格，并调整其位置，根据个人的喜好完成表格的修饰。输入导航文字，完成后效果如图 6.21 所示（也可以使用布局表格或者其他布局工具完成布局）。

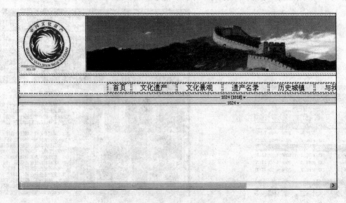

图 6.21　布局效果图

3）为主页文件添加内容，在页面的左侧插入图片，在右侧输入适合的文字，图片和文字素材均保存在 images 文件夹中。

4）将网页命名为 index.htm，并保存在站点根目录中。

### 3. 创建其他网页文件

重复上述操作，分别创建"文化遗产"、"文化景观"、"遗产名录"、"历史城镇"等网页文件。

### 4. 为主页文件建立链接

1）打开主页文件。

2）选中文字"首页"，在"属性"面板中的"链接"框中输入 index.htm。

3）以同样的方法为文字"文化遗产"、"文化景观"、"遗产名录"、"历史城镇"建立链接，并为"与我联系"创建电子邮件链接。

### 5. 美化各网页

利用所学知识对网页进行美化，创建出个性化的网页，按 F12 键浏览效果，如图 6.22 所示。

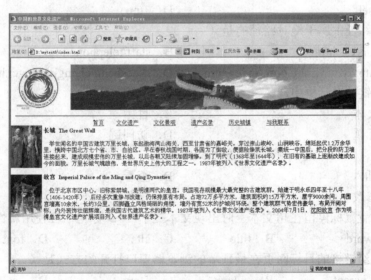

图 6.22  主页的最终效果图

 **知识拓展**  **特殊的链接**

一个声色并茂的网页更加引人入胜，利用音频链接可以方便地将声音添加到网页中。这种集成声音文件的方法可以使访问者自己决定是否要收听该声音，并且适用于所有的网络访问用户。

打开要添加音频文件的网页，选中用于链接的文字，单击"属性"面板中的"链接"后面的"浏览"按钮，在弹出的对话框中，选择一个音频文件即可。

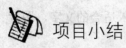 项目小结

本项目讲解了超级链接的使用，重点讲解了文本超链接、图片超链接、电子邮件超链接的使用，并且通过具体的实例来剖析讲解。通过本项目的学习，应能熟练掌握各种超链接的使用，实现不同页面之间的跳转，并能利用表格等布局工具创建出个性化的网页。

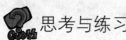 思考与练习

一、选择题

1. 在 Dreamweaver CS3 中创建锚记链接，在锚记名称前必须加一符号，是（　　）。

　　A. #　　　　　　　　　　　　　B. *

　　C. ?　　　　　　　　　　　　　D. @

2. 要在一个新的的窗口中打开超链接，可以在属性面板的目标列表框中选择（　　）。

　　A. _blank　　　　　　　　　　　B. _parent

　　C. _self　　　　　　　　　　　　D. _top

3. 下列路径中属于绝对路径的是（　　）。

　　A. address.htm　　　　　　　　　B. staff/telephone.htm

　　C. http://www.sohu.com/index.htm　D. /xuesheng/chengji/mingci.htm

4. 超级链接对话框中，（　　）是必选项。

　　A. 文本　　　　　　　　　　　　B. 目标

　　C. 标题　　　　　　　　　　　　D. 访问键

5. 通过（　　）菜单项可实现导航条的修改。

　　A. 插入　　　　　　　　　　　　B. 查看

　　C. 修改　　　　　　　　　　　　D. 文件

6. 要设置鼠标停留在超文本上时出现文本提示，<a>标记中应使用属性（　　）。

　　A. word　　　　　B. title　　　　　C. alt　　　　　D. font

7. 将超级链接的目标网页在最顶端的浏览器窗口打开的方式是（　　）。

　　A. _parent　　　　B. _blank　　　　C. _top　　　　D. _self

8. 在图像热区上要显示相关的文字，是通过热区的（　　）属性进行设置。

　　A. 链接　　　　　B. 目标　　　　　C. 替代　　　　D. 说明

9. 关于锚点链接，下列说法不正确的是（　　）。

　　A. 锚点不能位于层中

　　B. 制作锚点链接，应先建立一个锚点，然后创建一个跳转到这个锚点的链接。

　　C. 锚点名称不能包含空格，不能使用中文名称

　　D. 锚点名称适用于不同网页内容之间的跳转

二、填空题

1. _____是使用在同一个网页内容之间进行相互跳转的一种超级链接。
2. _parent 是将链接的网页在_____窗口中打开。
3. 通过_____方法可以在一个图像上创建多个超级链接。
4. 一个网站中网页的链接对象在另一个网站，需要使用_____超级链接。
5. 超级链接根据路径的不同，可以分为_____和_____两种。

三、简答题

1. 超级链接的类型有哪些？
2. 无框架的网页"目标"下接列表框有哪几项，各项的含义是什么？

四、操作题

写出为文字"简介"建立电子邮件连接的过程（邮箱地址：XXX@163.com）。

# 项目七

# 网页高级布局

　　AP Div 是网页中的一个区域，在一个网页中可以同时存在多个 AP Div，我们可以使用 AP Div 轻松地进行网页的页面控制。框架的作用就是把浏览器窗口划分为若干个区域，每个区域可以分别显示不同的网页。AP Div 和框架在网页的高级布局中都有着很重要的作用：AP Div 在网页设计和制作过程中和表格具有相同的功能，并且 AP Div 在设置网页布局中具有表格所不能比拟的可移动性优势，比较适合初学者使用；框架则对制作风格统一的网页和电子图书有很大帮助。

## 任务目标

- ◆ 了解网页布局的原则
- ◆ 掌握运用 AP Div 布局网页的方法
- ◆ 熟练运用框架进行网页的布局
- ◆ 灵活运用 AP Div 与 "行为" 面板结合制作动态导航菜单

# 任务一　网页布局的原则

## 知识 7.1　网页布局的基本步骤

网页排版布局的基本步骤如下：

1）构思，并且有多个草稿进行粗略布局。

设计版面的最好方法是先用笔在白纸上将构思的草图勾勒下来，画页面结构草图不要太详细，不必考虑版面细节，只需要画出页面的大体结构即可，可以多画几张，选定一个最满意的作为继续创作的样本。

2）将粗略布局精细化、具体化。

接着进行版面布局细化和调整，即把一些主要的内容放到网页中。例如网站的标志、广告栏、菜单等，要注意突出重点，把网站标志、广告栏、菜单放在最突出、最醒目的位置，然后再考虑其他元素的放置。在将各主要元素确定好之后，下面就可以考虑文字、图片、表格等页面元素的排版布局了。可以利用网页编辑工具把草案做成一个简略的网页，以观察总体效果和感觉，然后对不协调或不美观的地方进行调整。

3）进一步修改。

最后确定最终页面版式方案。在布局反复细化和调整的基础上，选择一个比较完美的布局方案，作为最后的页面版式。

## 知识 7.2　网页布局的基本原则

只有合理的网页布局才能吸引更多的人来浏览你的网站，网页布局应注意以下方面：

### 1.　页面尺寸

由于页面尺寸和显示器大小和分辨率有关系，一般页面显示的尺寸可以设置如下：640×480 分辨率下的页面尺寸为 620×311 像素；800×600 分辨率下的页面尺寸为 780×428 像素；1024×768 分辨率下的页面尺寸为 1007×600 像素。在实际的网页设计过程中，可以根据页面的风格和需要对网页长宽进行修改，但注意尽量不要让被访问的页面超过三屏，以免引起访问者的疲倦。如果需要在同一页面显示超过三屏的内容，那么最好能在上面做上页面内部链接，方便访问者浏览。

### 2.　网页布局整体造型

网页布局大致可分为"国"字型、拐角型、标题正文型、左右框架型、上下框架型、综合框架型、封面型、Flash 型。

1）"国"字型：也可以称为"同"字型，即最上面是网站的标题以及横幅广告条，接下来就是网站的主要内容，左右分列一些两小条内容，中间是主要部分，最下面是网站的一些基本信息、联系方式、版权声明等。这种布局以其结构清晰、主次分明的特点，而得到广泛应用。如图 7.1 所示的为中秋送祝福网页。

图 7.1 "国"字型网页

2）拐角型：又叫"厂"字型，这种结构与上一种其实只是形式上的区别，上面是标题及广告横幅，接下来的左侧是一窄列链接等，右列是很宽的正文，下面也是一些网站的辅助信息。在这种类型中，一种很常见的类型是最上面是标题及广告，左侧是导航链接。这种类型的网页结构具变化性，相对上一种更显活泼。例如图 7.2 所示的吉百利产品网页。

图 7.2 "厂"字型网页

3）标题正文型：这种类型即最上面是标题或类似的一些东西，下面是正文。绝大多数的搜索引擎站点都采用这种类型，如图 7.3 所示。

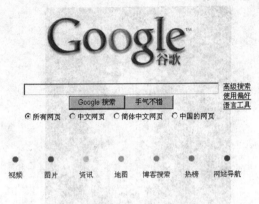

图 7.3 标题正文型网页

4）左右框架型：这是一种左右为分别两页的框架结构，一般左面是导航链接，有时最上面会有一个小的标题或标致，右面是正文。我们见到的大部分的大型论坛都是这种结构的，有一些企业网站也喜欢采用。这种类型结构非常清晰，一目了然，如图 7.4 所示。

图 7.4 左右框架型网页

5）上下框架型：与上面类似，区别仅仅在于是一种上下分为两页的框架。

6）综合框架型：上页两种结构的结合，相对复杂的一种框架结构，较为常见的是类似于"拐角型"结构的，只是采用了框架结构。

7）封面型：这种类型基本上是出现在一些网站的首页，封面型的页面布局更接近于平面设计艺术，大部分为一些精美的平面设计结合一些小的动画，放上几个简单的链接或者仅是一个"进入"的链接甚至直接在首页的图片上做链接而没有任何提示。如果处理得好，这种类型会给人带来赏心悦目的感觉，如图 7.5 所示。

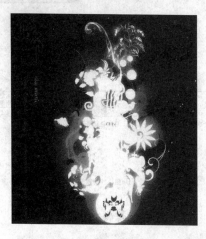

图 7.5　封面型网页

8）Flash 型：其实这与封面型结构是类似的，只是这种类型采用了目前非常流行的 Flash，与封面型不同的是，由于 Flash 强大的功能，页面所表达的信息更丰富，往往能够给浏览者以极大的视听冲击。这种网页逐渐被年轻人所喜爱，如图 7.6 所示。

图 7.6　Flash 型网页

# 任务二　运用AP Div布局网页

层是绝对定位的 Div，层是很早期的概念，从 Div+CSS 布局代替表格布局后就没有层这个概念了，层在 Dreamweaver CS3 中叫 AP Div。相对表格来说，使用 AP Div 布局具有更灵活的特点，它既可以用来定位网页中的各个元素，也可以放置在页面的任意位置。在一个网页中可以有多个 AP Div 存在，我们能够实现各个图层的重叠，或者决定每个图层是否可见。轻松地实现各种动态效果。Dreamweaver CS3 可让你在页面上轻松地创建和定位 AP Div，以及创建嵌套的 AP Div。

## 操作 7.1　创建 AP Div

在 Dreamweaver CS3 中创建 AP Div 的方法有以下几种：

方法 1：单击"插入记录"、"布局对象"、"AP Div"，如图 7.7 所示。

方法 2：在"插入"面板中单击绘制"AP Div"按钮，在文档窗口的"设计"视图中拖动以绘制出一个 AP Div，如图 7.8 所示。

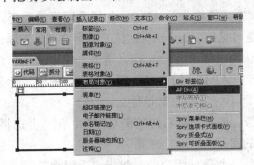

图 7.7　使用菜单插入 AP Div

图 7.8　使用插入面板插入 AP Div

通过按住 Ctrl 键拖动来连续绘制多个 AP Div。只要不松开 Ctrl 键，就可以继续绘制新的 AP Div。

选择"窗口"、"AP 元素"或者按下 F2 键可打开"AP Div"面板，在 AP Div 面板中，AP Div 以堆叠的名称列表显示，先建立的 AP Div 位于列表的底部，最后建立的 AP Div 位于列表的顶部。利用"AP Div"面板可以防止 AP Div 重叠、改变 AP Div 的可见性以及堆叠顺序。

## 知识 7.3　设置 AP Div 的属性

当创建好 AP Div 之后，我们可以先单击 AP Div 的边线来选中它，然后单击"窗口"、"属性"，打开 AP Div 的"属性"面板来查看 AP Div 的属性，如图 7.9 所示。

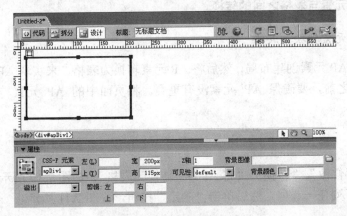

图 7.9　查看 AP Div 的属性

"AP Div" 的属性具体设置如下：

1）CSS-P 元素：用于指定一个名称，以便在 "AP Div" 面板和 JavaScript 代码中标识出该 AP Div。可以为其输入一个名称，要求只能使用标准的字母数字字符，不要使用空格、连字符、斜杠或句号等特殊字符。每个 AP Div 都有其唯一的名称。

2）"左" 和 "上"：指定 AP Div 的左上角相对于页面左上角的位置。

3）"宽" 和 "高"：制定 AP Div 的宽度和高度。其单位默认为像素。

4）"Z 轴"：确定 AP Div 的 Z 轴（堆叠）顺序，编号较大的 AP Div 出现在编号较小的 AP Div 的前面。可以利用对 Z 轴的设置方便地进行 AP Div 的堆叠顺序的改变。

5）可见性：指定该 AP Div 最初是否是可见的。default（默认）不指定可见性属性，当未指定可见性时，大多数浏览器都会默认为（继承）；inherit（继承）使用该 AP Div 父级的可见性属性；visible（可见）显示这些 AP Div 的内容，而不管父级的值是什么；hidden（隐藏）隐藏这些 AP Div 的内容，而不管父级的值是什么。

6）背景图像：指定 AP Div 的背景图像。单击选项右边的浏览图标，浏览并选择一个图像文件，或在文本域中输入图像文件的路径。

7）背景颜色：指定 AP Div 的背景颜色。此选项为空的时候指定透明背景。

8）"溢出"：控制当 AP Div 的内容超过 AP Div 的指定大小时如何在浏览器中显示 AP Div。visible（可见）设置浏览器中的 AP Div 通过延伸来显示多余的内容；hidden（隐藏）设置浏览器中的 AP Div 不显示超过其边界的内容；scroll（滚动）设置浏览器中的 AP Div 显示滚动条，而不管是否需要滚动条；auto（自动）设置浏览器仅当 AP Div 的内容超过其边界时才显示 AP Div 的滚动条。

当你插入 AP Div 时，Dreamweaver CS3 默认情况下将在 "设计" 视图中显示 AP Div 的外框，并且，当你将指针移到块上面时还会高亮显示该块。可以通过在 "查看"、"可视化助理" 菜单中禁用 "AP 元素外框" 和 "CSS 布局外框"，来禁用显示 AP Div（或任何 AP 元素）外框的可视化助理。

**操作 7.2　AP 元素与表格之间的转换**

1. 将 AP 元素转换为表格

可以使用 AP 元素创建布局，然后将 AP 元素转换为表格，来实现 AP 元素的定位。在转换为表格之前，要确保 AP 元素没有重叠。将页面中的 AP 元素转换为表格步骤如下：

**操作步骤**

1）选择 "修改"、"转换"、"将 AP Div 转换为表格"，如图 7.10 所示。

2）指定下列任一选项，然后单击 "确定" 按钮，如图 7.11 所示。

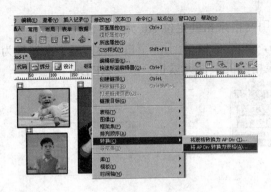
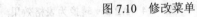
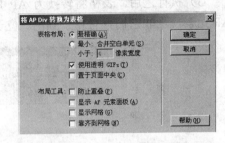

图 7.10 修改菜单　　　　　　　图 7.11 将 AP Div 转换为表格对话框

① "最精确"：为每个 AP 元素创建一个单元格以及保留 AP 元素之间的空间所必需的任何附加单元格。

② "最小：合并空白单元格"：指定若 AP 元素位于指定的像素数内则应对齐 AP 元素的边缘。如果选择此选项，结果表将包含较少的空行和空列，但可能不与你的布局精确匹配。

③ "使用透明 GIF"：使用透明的 GIF 填充表格的最后一行。这将确保该表在所有浏览器中以相同的列宽显示。当启用此选项后，不能通过拖动表列来编辑结果表。当禁用此选项后，结果表将不包含透明 GIF，但在不同的浏览器中可能会具有不同的列宽。

④ "置于页面中央"：将结果表放置在页面的中央。如果禁用此选项，表将在页面的左边缘开。

3）按照"将 AP Div 转换为表格"对话框的默认设置，单击"确定"按钮后，最后效果如图 7.12 所示。

图 7.12 将 AP Div 转换为表格效果

## 2. 将表格转换为 AP Div

1）选择"修改"、"转换"、"将表格转换为 AP Div"，如图 7.13 所示。

2）指定下列任一选项，然后单击"确定"按钮。

"防止重叠"：在创建、移动和调整 AP 元素大小时约束 AP 元素的位置，使 AP 元素不会重叠。

"显示 AP 元素面板"：显示"AP 元素"面板。

"显示网格和靠齐到网格"：可让你使用网格来帮助定位 AP 元素。

3）执行之后，表格将转换为 AP Div，如图 7.14 所示。空白单元格将不会转换为 AP 元素，除非它们具有背景颜色。位于表格外的页面元素也会放入 AP Div 中。

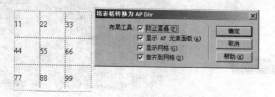

图 7.13　将表格转换为 AP Div 对话框　　　　图 7.14　AP Div 转换为表格效果

## 任务三　运用框架布局网页

### 知识 7.4　认识框架与框架集

框架的作用就是把浏览器窗口划分成若干个区域，每个区域可以分别显示不同的网页。框架是由两个主要部分：框架集和单个框架组成。框架集是在一个文档内定义一组框架结构的 HTML 网页。框架集定义了一页网页显示的框架数目、框架的大小、载入框架的网页源和其他可定义的属性等。单个框架是指在网页上定义的一个区域。

框架最常见的用途就是用于导航。一个 Web 页面可以使用一个框架来包含导航菜单，另一个框架包含页面内容。当来访者单击一个菜单时，相应的内容就应该出现在内容框架中，但导航菜单始终不会改变，这可以让用户始终面向该站点。

### 操作 7.3　框架集的基本操作

使用 Dreamweaver CS3 创建框架集的方法有两种，过程如下：

方法 1：自动创建框架。

图 7.15　预定义的框架集图标

打开"插入"栏中的"布局"选项卡，单击"框架类别"按钮，在弹出的下一级菜单中选择预定义的框架集图标，如图 7.15 所示。

方法 2：因为方法 1 生成的框架具有自身的属性，修改起来比较麻烦，因此，可以使用下面的方法生成框架：

 **操作步骤**

1）单击"查看"菜单，在下一级菜单中选择"可视化助理"、"框架边框"选项，使框架边框在文档的"设计"视图中可见。然后单击"窗口"菜单中的"框架"选项，打开框架面板。

2）在这里制作一个"顶部和嵌套的左侧框架"结构，使用鼠标左键单击框架的顶部边框，向下拖动其至合适位置，即制作好一个顶部底部的框架结构，如图 7.16 所示。

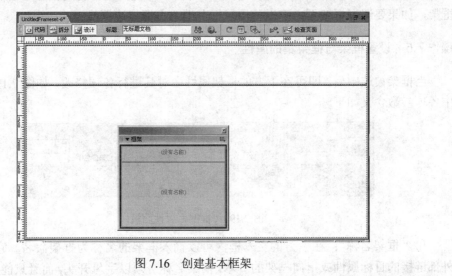

图 7.16 创建基本框架

3）单击框架面板中底侧的框架，如图 7.17 所示，再使用鼠标左键单击底侧框架的左边缘向右拖动至合适位置，即完成嵌套框架，如图 7.18 所示。

图 7.17 选择底侧框架

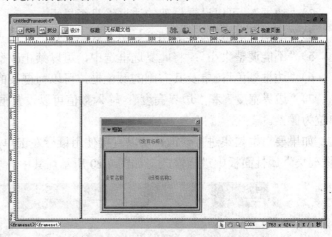

图 7.18 制作完成嵌套框架

4）保存所有框架集文件。选择"文件"、"保存全部"，保存所有文件（包括框架集文件和框架文件）。该命令将保存在框架集中打开的所有文档，包括框架集文件和所有带框架的文档。如果该框架集文件未保存过，则在"设计"视图中框架集的周围将出现粗边框，并且出现一个对话框，用户可从中选择文件名。对于尚未保存的每个框架，在框架的周围都将显示粗边框。

## 操作 7.4 框架的基本操作

当我们要修改框架时，需要选中框架，我们一般使用"框架"面板来对框架进行选择，即在"框架"面板中单击框架或者框架页，便可选中文档中相应的框架或框架页。如果要在文档窗口中对框架进行选择，可以按下 Alt 键，同时使用鼠标单击需要选择的框架，如果要选择框架页，可以使用鼠标左键单击框架边框线。

**操作 7.5    设置框架与框架集的属性**

当框架被选中后，即可在下方的框架属性中对其进行各项修改，如图 7.19 所示，其中各项参数含义如下。

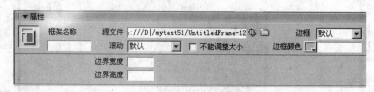

图 7.19    "框架"属性面板

1)"框架名称"：在下方的文本框内可以输入框架的名称为框架命名。它主要用于外部链接的目标属性或指向框架的脚本。框架名称必须以字母开头，而且只能使用字母、数字及下划线。

2)"源文件"：可以输入框架对应的源文件。

3)"边框"：可以设置框架的边框线是否显示。

4)"滚动"：可以选择滚动条显示方式，包括"是"、"否"、"自动"和"默认"。

5)"不能调整大小"：将此复选框选中，可以禁止改变框架的尺寸。

6)"边框颜色"：单及其右侧的颜色框，可以为框架的边框线设置相应的颜色。

7)"边界宽度"和"边界高度"：输入数值可以设置框架内容与边框线之间的距离，单位为像素。

如果要对框架集进行修改，可以直接使用鼠标左键单击框架边框线，然后在下方的"框架集"属性面板中进行修改，如图 7.20 所示。其中各项参数含义如下：

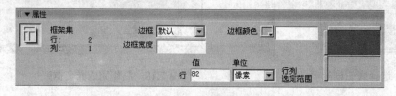

图 7.20    "框架集"属性面板

1)"边框"：可以设置框架集的边框线是否显示。

2)"边框颜色"：可以为当前框架页的所有边框线设置颜色。

3)"边框宽度"：输入数值可以设置框架边框线的宽度。

4)"行"：可以在"值"对应的文本框内输入框架集的宽度值；在"单位"对应的文本框内选择宽度的单位。包括"像素"、"百分比"和"相对"。

在文档窗口的设计视图中，按住 Alt 键的同时单击一个框架，或者在"框架"面板中单击框架，将框架选中。选择"窗口"、"属性"，打开属性面板，在"属性"面板中，单击右下角的展开箭头，查看所有框架属性。

 实训项目

### 实训 7.1　制作"人才招聘网站"

**1. 建立站点及网页**

1）在 D 盘建立站点目录 myproject7 以及子目录 images 和 files，在"高级"标签中定义站点，站点名为"人才招聘"，如图 7.21 所示。

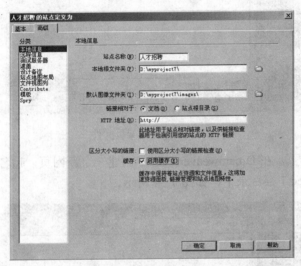

图 7.21　站点定义

2）在 Dreamweaver CS3 起始页中的"创建新项目"中单击"HTML"，创建新网页。

3）选择"插入记录"菜单中的"HTML"、"框架"、"左对齐"选项，在文档中插入"左对齐框架"，如图 7.22 所示。

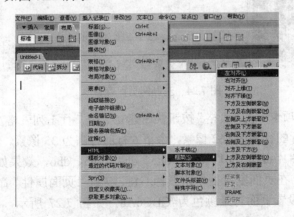

图 7.22　插入框架

4）保存框架页文件。单击所插入框架的边框线，选中所有框架（选中框架将被虚线包围），然后选择"文件"、"保存框架页"命令，出现"另存为"对话框，如图 7.23 所示。在对话框的"保存在"目录列表框中选择所要保存的文件夹位置，文件名为 rencai.htm。单击"保存"按钮，保存框架页文件，如图 7.23 所示。

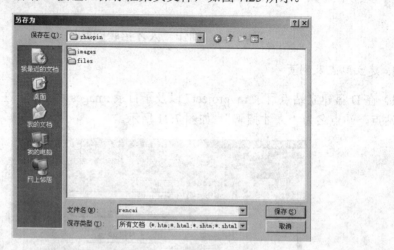

图 7.23　保存框架页文件

5）创建左侧网页。在 Dreamweaver CS3 中创建一个新网页，起名为"left.htm"，保存在在 D：\myproject7 根目录下，如图 7.24 所示。

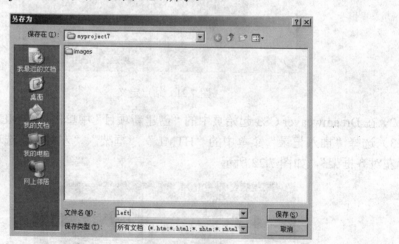

图 7.24　左侧网页保存目录

使用"常用"选项卡下的"表格"按钮快速建立一个 7 行 1 列表格宽度为 150 的表格，然后分别设置第一行的行高为 162 像素，余下 6 行的行高为 35 像素，如图 7.25 所示。分别在这 7 行中插入图片 dh0、dh1、dh2、dh3、dh4、dh5、dh6，效果如图 7.26 所示。

设置页面属性。在页面空白处单击鼠标右键，选择"页面属性"命令，在弹出的"页面属性"对话框里设置页面背景颜色为#CBC6A8，如图 7.27 所示，单击"确定"按钮完成左侧网页的制作。

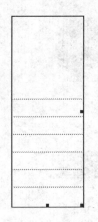 

图 7.25　设置完成的表格　　　　　图 7.26　在表格中插入内容

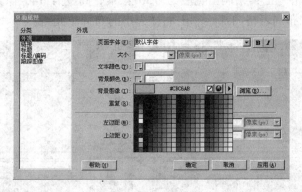

图 7.27　设置页面背景颜色

6）创建右侧网页。在 Dreamweaver CS3 中创建一个新网页，起名为"right.htm"，保存在在 D：\myproject7 根目录下，如图 7.28 所示。

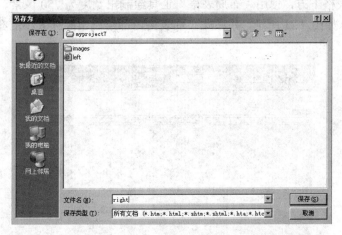

图 7.28　右侧网页保存目录

单击"查看"、"表格模式"、"布局模式"命令，将视图切换到布局模式下，如图 7.29 所示。

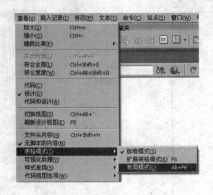

图 7.29 切换到"布局模式"

使用"布局表格"工具绘制出宽度为 750 像素、高度为 140 像素的布局表格，如图 7.30 所示。在此布局表格内部绘制出同样大小的布局单元格。

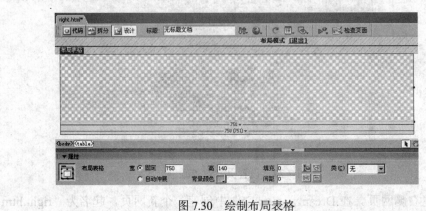

图 7.30 绘制布局表格

在此布局表格下方，使用"布局表格"工具绘制出宽度为 750 像素、高度为 300 像素的布局表格，如图 7.31 所示，并在此布局表格内部绘制出同样大小的布局单元格，完成页面布局。

图 7.31 使用"布局表格"和"布局单元格"完成布局

分别在上侧布局表格中插入图片"banner.jpg",在下侧表格中输入文字并设置文字居中,如图 7.32 所示。

7.32 在布局中插入内容

设置页面属性。在页面空白处单击鼠标右键,选择"页面属性"命令,在弹出的"页面属性"对话框里设置页面背景颜色为#DDD7B3。单击"确定"按钮完成右侧网页的制作。

2. 在框架中插入网页

1)左侧框架中页面的插入。返回到 rencai.htm,按住 Alt 键的同时在左侧框架的空白处单击,选择"左侧框架"选项;然后在"属性"面板中单击"源文件"文本框右侧的"浏览文件"图标,弹出"选择 HTML 文件"对话框,选择站点目录下的"left.htm"文件,如图 7.33 所示。

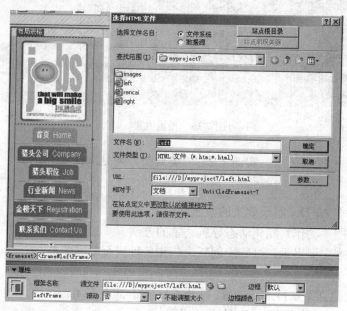

图 7.33 在左侧框架中插入"left.htm"网页

2）右侧框架中页面的插入。与步骤 4 相同，在右侧框架中插入“”文件夹下的“right.htm”文件，如图 7.34 所示。

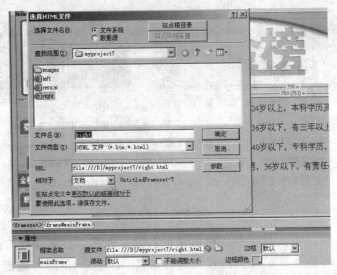

图 7.34    在右侧框架中插入“right.htm”网页

3）按下 F12 键预览最后效果，如图 7.35 所示。

图 7.35    预览效果

## 实训 7.2    “美食街”网站制作

【实训目的】

　　1）掌握制作 AP Div 隐现效果的方法。

　　2）掌握利用“动作”制作动态导航菜单的方法。

　　3）可参考本实训提示，进一步创新，制作各种网页动态菜单。

【实训提示】

　　1）在 D 盘建立站点目录 mytest7 以及子目录 images 和 flash，在“高级”标签中定义站点，站点名为“美食街”，如图 7.36 所示。

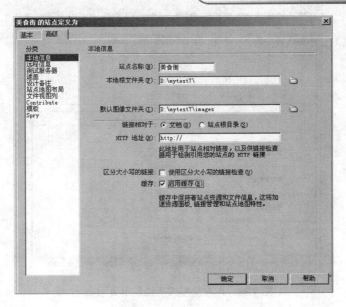

图 7.36 站点定义

2）在 Dreamweaver CS3 起始页中的"创建新项目"中单击"HTML"，创建新网页"meishijie.html"，保存在站点根目录下，如图 7.37 所示。

图 7.37 保存网页

3）单击"查看"、"表格模式"、"布局模式"命令，将视图切换到布局模式下。使用"布局表格"与"布局单元格"工具绘制网页的整体框架，如图 7.38 所示。

4）分别在各个区域中插入图片或 Flash，以及设置背景图片，完成页面的排版部分，如图 7.39 所示。

图 7.38　在布局模式下绘制出页面布局

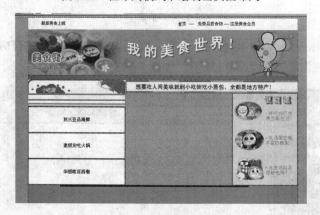

图 7.39　插入各部分页面元素

5）在页面中插入 AP Div。在正文的空白位置单击鼠标左键，出现插入光标，选择"插入记录"、"布局对象"、"AP Div"命令，连续在文档中插入 3 个 AP Div。分别命名为"AP Div1"、"AP Div2"、"AP Div3"，如图 7.40 所示。

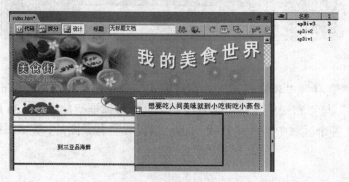

图 7.40　插入 3 个 AP Div

6）在对象中添加"行为"。选中左侧导航栏中的第一行文字"到三亚品海鲜"，执行"窗口"、"行为"命令，在出现的"行为"面板中单击 ➕ 按钮，在弹出的菜单中选择"显示－隐藏元素"命令，如图 7.41 所示。

在出现的"显示－隐藏元素"对话框中，选择"AP Div1"后单击"显示"按钮，再分别选择"AP Div2"、"AP Div3"之后单击"隐藏"按钮。单击"确定"按钮，如图 7.42 所示。

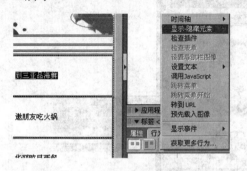

图 7.41　添加"显示-隐藏元素"行为　　　　图 7.42　"显示-隐藏元素"对话框

7）设置对象的"行为"触发事件。单击"行为"面板"事件"中的按钮，选择"onMouseOver"事件，如图 7.43 所示。

8）为其他对象添加行为。重复步骤 2 和步骤 3，依次选中导航栏的第二行"邀朋友吃火锅"和第三行"华丽炫目西餐"，分别设置 AP Div2、AP Div3 为"显示"状态，同时设置其他 AP Div 为"隐藏"状态。并同样设置对象的"行为"触发事件为"onMouseOver"。

9）设置 AP Div 元素的可见性。选择"窗口"、"AP 元素"，在"AP 元素"面板中设置 AP Div1 为显示状态，其他 AP Div 为隐藏状态，如图 7.44 所示。

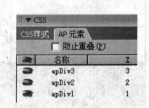

图 7.43　选择"onMouseOver"事件　　　　图 7.44　设置 AP Div1 为显示状态

10）设置和填充 AP Div。在"AP 元素"面板中单击 AP Div1，使 AP Div1 处于选中状态，在 AP Div1 内部单击鼠标左键，插入光标，执行"插入记录"、"图像"命令，在 AP Div1 内部插入图片"haixian.jpg"，如图 7.45 所示。同样的方法，分别在 AP Div2 和 AP Div3 种插入图片"huoguo.jpg"和"xican.jpg"。

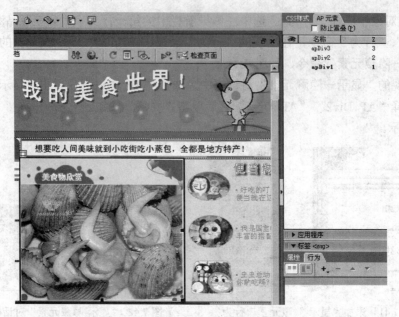

图 7.45　设置和填充 AP Div

11）保存当前"meishijie.htm"网页。按下 F12 键预览最后效果，如图 7.46 所示。

图 7.46　预览效果

 知识拓展　灵活利用 AP Div 制作动态效果

在使用 AP Div 对网页进行布局时，可以随时拖动 AP Div 带动页面元素到任意位置。同时还可以通过 AP Div 与行为以及时间轴结合制作各种网页动态效果。在实际制作中，可以利用这一特点制作各种动态效果。

项目小结

　　AP Div 是一种非常灵活的网页元素定位技术，除了需要了解 AP Div 的使用，还可以结合控制 AP Div 的前后顺序制作各种隐现效果；配合时间轴制作各种动态效果等，尽量拓展知识范围。框架除了可以实现独立的导航部分，在一个网页中可以使用"框架"的嵌套实现网页设计中的多种需求，需要在练习中加以注意。

 思考与练习

一、选择题

1. 选择一个 AP Div，下面可行的操作是（　　　）。

　　A. 在"AP 元素"面板中单击该 AP Div 的名称

　　B. 单击一个 AP Div 的选择柄。如果选择柄不可见，请在该层中的任意位置单击以显示该选项柄

　　C. 单击一个 AP Div 的边框

　　D. 按下 Shift+Tab 键可选择一个 AP Div

2. （　　　）元素不能插入 AP Div 中。

　　A. AP Div　　　　　　　　　B. 框架

　　C. 表格　　　　　　　　　　D. 表单及各种表单对象

3. 下列关于框架的说法正确的一项是（　　　）。

　　A. 在 Dreamweaver CS3 中，通过框架可以将一个浏览器划分为多个区域

　　B. 框架就是框架集

　　C. 保存框架是指系统一次就能将整个框架保存起来，而不是单个保存框架

　　D. 框架实际上是一个文件，当前显示在框架中的文档是构成框架的一部分

4. 在 Dreamweaver CS3 中，要创建预定义框架，应执行（　　　）菜单中的命令。

　　A. 查看　　　　　　　　　　B. 插入

　　C. 修改　　　　　　　　　　D. 命令

5. 关于在 Dreamweaver CS3 中移动 AP Div 的位置，以下说法错误的是（　　　）。

　　A. 选中需要移动的 AP Div，拖动 AP Div 的边框或拖动其选择柄，便可以将其移动

　　B. 不能用键盘操作移动 AP Div

　　C. 选中 AP Div 后，按下方向键，可一次移动 1 像素

　　D. 选中 AP Div 后，按下 Shift 键和方向键，可以一次移动一个网格单位的距离

6. 关于 Dreamweaver CS3 的布局模式，下列说法错误的是（　　　）。

　　A. 在布局模式下，用户可以在网页中直接画出表格与单元格

　　B. 在布局模式下，单元格和表格均可以用鼠标自由拖动，调整其位置

　　C. 利用布局模式对网页定位非常方便

　　D. 使用布局模式的缺点是生成的表格比较复杂，不适合大型网站使用，一般只

应用于中小型网站

7. "拖动层"动作的基本功能就是使层可以被拖动，在"拖动层"对话框中可以进行的设置不正确的是（　　）。

　　A．可以限制 AP Div 内的某个区域响应拖动

　　B．可以限制 AP Div 拖动的范围

　　C．可以使被拖动的 AP Div 在距目标位置指定距离时，自动吸附到目标位置

　　D．AP Div 被放置到指定位置后即不可再拖动

8. 下面几个实例可以通过层的应用来实现的是（　　）。

　　A．创建网页上的动画　　　　　B．制作各种动态导航效果

　　C．生成丰富的动态按钮　　　　D．以上都是

9. 执行菜单命令"插入"、"布局对象"、"AP Div"，可以在网页中插入一个 AP Div。关于插入的 AP Div，下面说法正确的是（　　）。

　　A．插入的 AP Div 是一个固定大小的 AP Div。执行多次命令，插入的是多个大小一致的 AP Div

　　B．这个 AP Div 的大小是 Dreamweaver 设定的默认 AP Div 大小，用户无法自定义

　　C．这个 AP Div 的大小是 Dreamweaver 设定的默认 AP Div 大小，但用户可以自定义这个值

　　D．插入的 AP Div 默认大小是 200×115 像素

10. 关于使用 AP Div 和表格排版，下面说法正确的是（　　）。

　　A．使用 AP Div 排版具有更多的自由与更好的兼容性

　　B．使用表格排版自由性稍差，但兼容性非常好

　　C．使用 AP Div 排版后的网页可以将其转换为表格排版，但使用表格排版的网页不能转换为 AP Div 排版

　　D．使用 AP Div 或表格排版的页面不能相互转换

二、简答题

1. 简述 AP Div 的概念。

2. 简述框架的作用。

3. 简述 AP Div 在网页设计和制作中的作用？

三、操作题

制作一个"上方及左侧嵌套"框架结构的网页，利用 AP Div 和行为的结合，完成一个动态导航栏的创建。

# CSS 样式表

CSS 中文的意思是层叠样式表，CSS 在网页设计中具有方便、快捷、应用范围广等特点，得到广泛的应用，成为设计动态网页不可或缺的技术。Dreamweaver CS3 提供了对 CSS 的强大支持，如统一的面板控制、CSS 布局等，掌握了 CSS 样式表制作，设计网页等于拥有了一件利器。

### 任务目标

◆ 了解 CSS 基本概念和样式面板

◆ 掌握 CSS 的创建、使用和编辑方法

◆ 掌握特定标签样式的制作

◆ 在实际项目中灵活运用 CSS 样式表

# 任务一    认识CSS样式表

## 知识 8.1    CSS 样式的基本概念

CSS 是 Cascading Style Sheets 的简称，在 HTML 文档中利用 CSS 格式化网页。CSS 扩展了 HTML 的功能，网页中文本段落、图像、颜色、边框等可通过设定样式表的属性轻松完成；而早期在 HTML 文档中直接设定元素属性，复杂而又不易维护，效率很低。Dreamweaver 提供可视化设定样式表功能，高效快速，不仅将样式内容从文档中脱离出来，而且还可以作为独立文件供 HTML 调用。在一个网站中，使用统一样式，保持了网站风格的一致性。CSS 更大的优点在于提供方便的更新功能，CSS 更新后，网站内所有的文档格式都自动更新为新的样式。

## 知识 8.2    认识 CSS 样式面板

选择"窗口"中的"CSS 样式"，就打开了"CSS 样式"面板。CSS 面板完全设计成了一个统一的面板，在此面板中可以快速确认样式、编辑样式、查看应用于页面元素的样式。

CSS 面板含有"全部"和"正在"选项卡，分属"所有"模式和"当前"模式。使用 CSS "所有"模式影响整个文档的规则和属性；"当前"模式则影响当前所选页面元素的 CSS 规则和属性。使用"CSS 样式"面板还可以在"所有"和"当前"模式下修改 CSS 属性，如图 8.1 所示。

 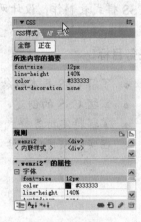

图 8.1    "CSS 样式"面板

"CSS 样式"面板各个按钮的意义如下：

1）显示类别视图：Dreamweaver CS3 支持的 CSS 属性分为字体、背景、区块、边框、方框、列表、定位和扩展名等类型。

2）显示列表视图：按照字母顺序显示 Dreamweaver CS3 支持的所有 CSS 属性。

3）设置属性视图：只显示已经进行设置的属性。

4）附加样式表 ：单击该按钮，弹出"链接外部样式表"对话框。

5）新建 CSS 规则 ：单击该按钮，弹出"新建 CSS 规则"对话框。

6）编辑样式 ：单击该按钮，弹出".STYLE1 的 CSS 规则定义"对话框。

## 任务二 创建和使用CSS样式

### 操作 8.1 创建和应用自定义 CSS 样式

 **操作步骤**

1）选择"窗口"、"CSS 样式"，打开"CSS 样式"面板。

2）在 CSS 样式面板中单击 按钮，弹出"新建 CSS 样式"对话框，如图 8.2 所示。

选择器类型共有 3 种，分别如下：

① 类：可以把样式应用于页面的任何元素。

② 标签：重新定义特定标签的格式。如创建或更改了 h1 标签的 CSS 样式，则所有设置了 h1 格式的文本都会立即更新。

图 8.2 "新建 CSS 样式"对话框

③ 高级：重新定义链接有关的格式。

在"选择器类型"处选择"类"，在"名称"列表框中输入一个类的名称，如 mycss，"定义在"选择"（新建样式表文件）"。

3）单击"确定"按钮，退出"新建 CSS 规则"对话框，弹出"保存样式表文件为"对话框，如图 8.3 所示。

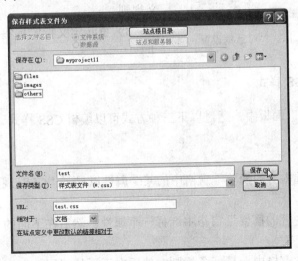

图 8.3 "保存样式表文件为"对话框

4）输入 CSS 样式表文件名称，如 test.css，单击"保存"按钮。同时，可弹出"CSS 规则定义"对话框，利用该对话框定义样式表内各个分类属性，如图 8.4 所示。

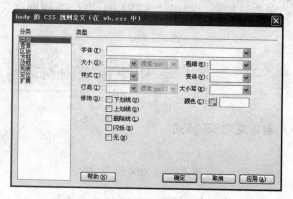

图 8.4 "CSS 规则定义"对话框

5）定义好 CSS 样式之后，选中当前文档的元素内容，如文本段落，然后在 CSS 样式面板中，选择刚才建立好的样式，右击弹出菜单，选择"套用"，最后存盘。

## 操作 8.2 重新定义特定标签样式

 操作步骤

1）在 CSS 样式面板中单击 按钮，弹出"新建 CSS 样式"对话框，选择"标签"按钮，如图 8.5 所示。

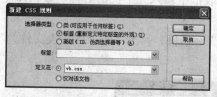

图 8.5 "新建 CSS 样式"对话框设置

2）在"新建 CSS 样式"对话框标签下拉列表中，选择标签类型，如"body"，单击"确定"按钮，弹出"CSS 规则定义"对话框，定义规则。

3）重新定义特定标签样式在文档中立即生效。

## 操作 8.3 编辑 CSS 样式

在"CSS 样式"面板中，通过以下三种方式可以编辑 CSS 样式。

 操作步骤

1）双击"所选内容的摘要"窗格中的某个属性以显示"CSS 规则定义"对话框，然后进行更改。

2）在"所选内容的摘要"窗格中选择一个属性，然后在下面的"属性"窗格中编辑该属性。

3）在"规则"窗格中选择一条规则，然后在下面的"属性"窗格中编辑该规则的属性。

**提示** 可以通过更改 Dreamweaver 首选参数来更改编辑 CSS 的双击行为以及其他行为。

## 任务三 CSS样式定义的选项设置

### 操作 8.4 类型分类属性设置

按照操作 8.2 的步骤，弹出"CSS 规则定义"对话框，如图 8.6 所示。

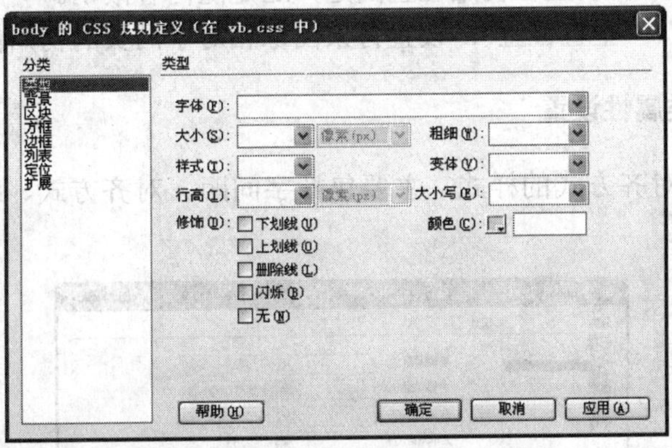

图 8.6 分类属性设置

在该对话框中，可以对页面中的内容文字进行设置，如字体、大小、粗细、样式、变体、行高等属性，设置完成后应用到文字。

### 操作 8.5 背景分类属性设置

背景样式主要是对颜色和图像的设置，如图 8.7 所示。

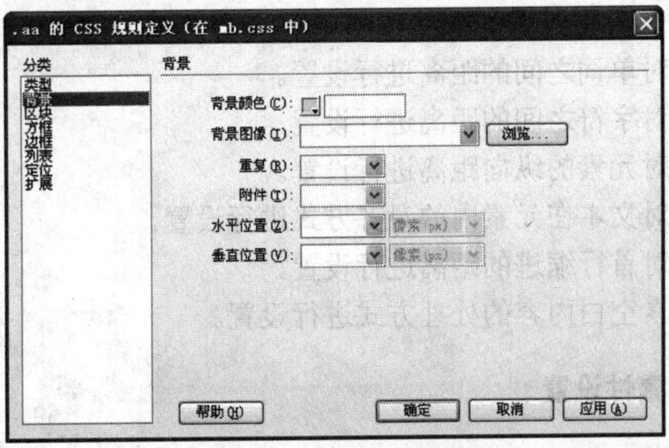

图 8.7 背景属性设置

**操作步骤**

1）背景颜色：对网页背景颜色进行设置。

2）背景图像：通过"浏览按钮"对网页背景进行图像设置，图像的选择要注意格式及大小，避免网页下载过慢。

3）重复：如果网页背景图像过小，不能够填满网页，确定是否以及如何重复背景图像。

4）下拉列表各选项的如下："不重复"指背景图像在网页中只显示一次，不平铺。"重复"指在水平和垂直方向平铺图像。"横向重复"和"纵向重复"指网页背景图像按水平、垂直方向平铺。

5）附件：背景图像设置在初始位置固定，还是随内容滚动。

6）"水平位置"、"垂直位置"：设置背景图像相对于网页的初始位置。

## 操作 8.6 区块分类属性设置

区块分类设定对齐方式的样式，主要包括字间距、对齐方式、缩进、空格等，如图 8.8 所示。

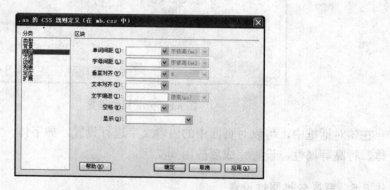

图 8.8 区块属性设置

 **操作步骤**

1）单词间距：对单词之间的距离进行设置。

2）字母间距：对字符之间的距离进行设置。

3）垂直对齐：对元素的纵向距离进行设置。

4）文本对齐：对文本在元素内的对齐方式进行设置。

5）文本缩进：对首行缩进的距离进行设置。

6）空格：对元素空白内容的处理方式进行设置。

## 操作 8.7 方框分类属性设置

方框分类设定页面元素的样式，主要包括网页元素的宽、高、浮动、清除、填充及边界等，如图 8.9 所示。

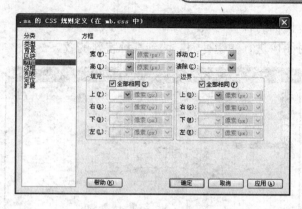

图 8.9　方块分类属性设置

 **操作步骤**

1）浮动：移动元素。

2）清除：设置元素任何一边不能有层。

3）填充：设置元素内容和边框之间的空间大小。

4）边界：设置元素边框和其他元素之间的空间大小。

**操作 8.8　边框分类属性设置**

边框分类设定围绕元素边框的样式，主要包括样式、宽度和颜色。每一项都有"上、下、左、右"，分别指边框的四周，如图 8.10 所示。

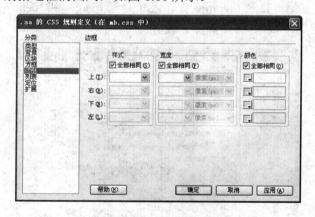

图 8.10　边框分类属性设置

**操作 8.9　扩展分类属性设置**

扩展分类设定网页一些特殊效果的样式，如光标、分页、过滤器等，如图 8.11 所示。

 **操作步骤**

1）分页：用于在选中的元素的前面或后面强制加入分页符。

2）光标：设置鼠标的各种形状。

3）过滤器：对图像进行滤镜处理，达到某种特殊的效果。

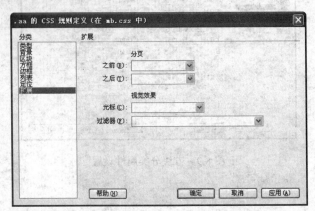

图 8.11　扩展分类属性设置

 实训项目

**实训 8.1　"气象网"的制作**

**1. 建立站点及网页**

1）在 D 盘建立站点目录 myproject8 以及子目录 images 和 files，在"高级"标签中定义站点，站点名为"气象网"，如图 8.12 所示。

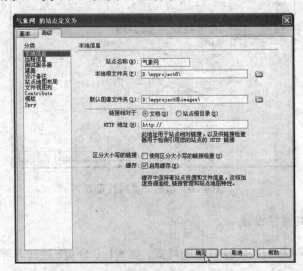

图 8.12　站点定义

2）在 Dreamweaver 起始页中的"创建新项目"中单击"HTML"，创建新网页。

**2. 建立网页布局**

1）利用网页布局表格和布局单元格，设置首页，其中表格大小为 775×355 像素，14 行 5 列，表格居中，如图 8.13 所示。

2）打开素材包，在相应的网页单元格中分别插入图像 logo.jpg、00.jpg、01.jpg、02.jpg、03.jpg、04.jpg、05.jpg、06.jpg、07.jpg、08.jpg。在第二行中插入 flash 文件 GO.swf，在第三行中插入查询文本域，如图 8.14 所示。

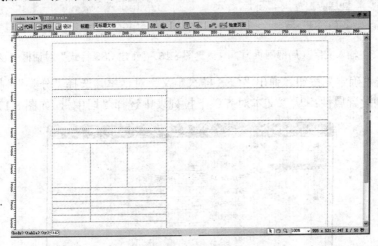

图 8.13　网页布局

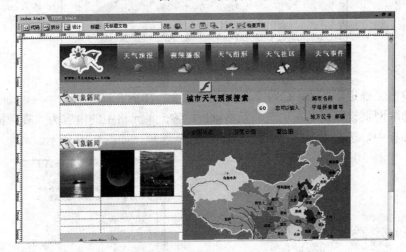

图 8.14　插入图像、flash 文件

3）在相应的单元格内输入文字，如图 8.15 所示。

**3. 创建和使用 CSS 样式**

1）选择"窗口"、"CSS 样式"，打开"CSS 样式"面板。

2）在 CSS 样式面板中单击 按钮，调出"新建 CSS 样式"对话框，分别设置属性："名称"为"jz"；"选择器类型"为"类"；"定义在"为"仅对该文档"，如图 8.16 所示。

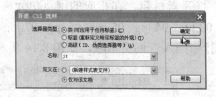

图 8.15 输入文字（局部网页）　　　　图 8.16 "新建 CSS 样式"对话框中设置属性

3）单击"确定"按钮，弹出"CSS 样式定义"对话框，选择"分类"列表中的"区块"，在右侧设置属性：从"文本对齐"下拉列表中选择"居中"，如图 8.17 所示。

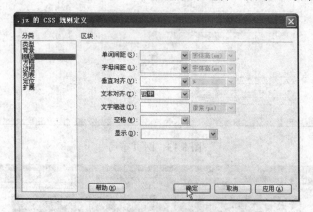

图 8.17 "CSS 样式定义"对话框中设置属性

4）单击"确定"按钮，CSS 面板发生了改变，如图 8.18 所示。

5）选取网页设计视图左下角单元格&lt;td&gt;标签，单元格中的内容为"视频播报"，在"属性"面板中，选取"样式"下拉列表中"jz"选项，如图 8.19 所示。

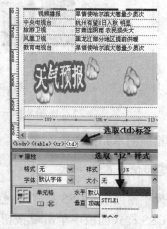

图 8.18 .jz 样式　　　　　　　　图 8.19 .jz 样式应用

6）以同样的方法完成其他单元格"jz"样式应用。

4. 重新定义特定标签样式

1）在CSS样式面板中单击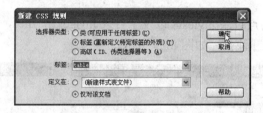按钮，弹出"新建CSS样式"对话框，在"标签"下拉列表中选取"table"，如图8.20所示。

2）在"CCS规则定义"对话框标中，选择"分类"中的"背景"，在右侧的"背景颜色"中设定颜色为"#66ccff"，如图8.21所示。

图8.20 "新建CSS样式"对话框设置

图8.21 背景属性设置

3）单击"确定"按钮，表格背景随之发生变化，如图8.22所示。

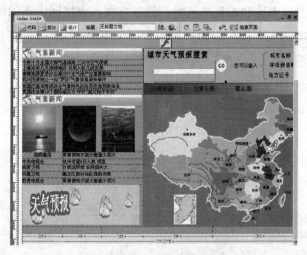

图8.22 网页效果

## 实训 8.2　重新制作"校园网"

【实训目的】

1）掌握选择器样式（超链接的高级应用）的使用。

2）掌握链接外部样式表的方法。

3）掌握编辑样式表的技巧。

4）可参考本实训提示，自己创新，设计出独特风格的网页。

【实训提示】

1）在 D 盘建立站点目录 mytest8 以及子目录 images 和 files，在"高级"标签中定义站点，站点名为"校园网"，如图 8.23 所示。

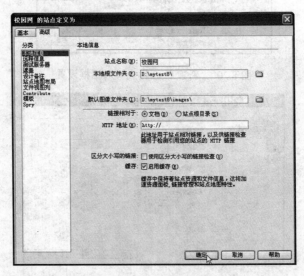

图 8.23　站点定义

2）在 Dreamweaver 起始页中的"创建新项目"中单击"HTML"，创建新网页。

3）利用网页布局表格和布局单元格，设置首页，表格居中，如图 8.24 所示。

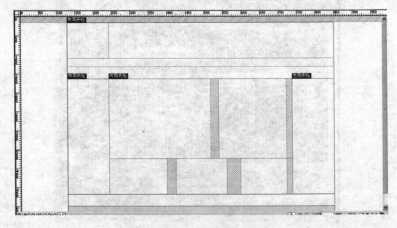

图 8.24　网页布局

4）打开素材包，在相应的网页单元格中分别插入图像 logo.jpg、00.jpg、01.jpg、02.jpg、03.jpg、04.jpg、05.jpg、06.jpg、07.jpg、08.jpg。在第二行中插入 flash 文件 GO.swf，在相应单元格内输入文字及插入单选按钮，如图 8.25 所示。

图 8.25 插入图像、Flash、文字及表单元素

5）设置主页中超链接文字的 CSS 样式：在"新建 CSS 规则"对话框中选择"高级"；在"选择器"下拉列表中选择"a:link"；"定义在"下面选择"尽对该文档"；如图 8.26 所示，单击"确定"按钮。

6）弹出"a:visited 的 CSS 规则定义"的对话框中，选择"分类"选项，在右边设置"字体"为"宋体"，"大小"为"12"像素，选择"修饰"为"无"，"颜色"为"#0000CC"，如图 8.27 所示。

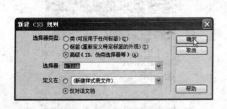

图 8.26 CSS 规则设置

图 8.27 分类属性设置

7）在"选择器"下拉列表中选择"a:visited"，"定义在"下面选择"尽对该文档"，如图 8.28 所示，单击"确定"按钮。

8）弹出"a:visited 的 CSS 规则定义"的对话框中，选择"分类"选项，在右边设置"字体"为"宋体"，"大小"为"12"像素，选择"修饰"为"无"，"颜色"为"#0000CC"，如图 8.29 所示。

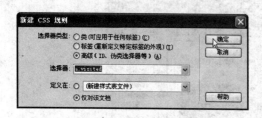

图 8.28   CSS 规则设置

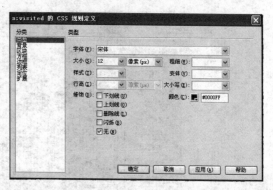

图 8.29   分类属性设置

9）按照步骤 7、8，设置"a:hover"。其中在"a:hover 的 CSS 规则定义"中"颜色"为"#999999"，即光标经过时为灰色，如图 8.30、图 8.31 所示。

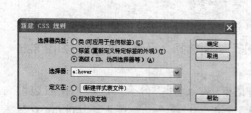

图 8.30   CSS 规则设置

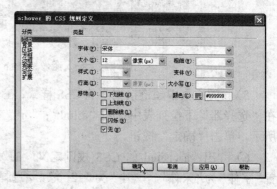

图 8.31   分类属性设置

10）单击 CSS 样式面板的"附加样式表"按钮，弹出"链接外部样式表"对话框，在"浏览"按钮中选择 mytest91 文件夹中"mm.css"，单击"确定"按钮，如图 8.32 所示。

11）CSS 样式面板发生了变化，如图 8.33 所示。

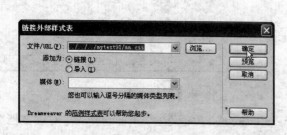

图 8.32   链接外部样式表

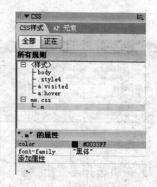

图 8.33   CSS 样式面板

12）选中网页中"你喜欢学校什么专业"文字，应用 m 样式。

13）选中图 8.33 的"body"样式，单击 CSS 面板下端的"编辑样式"按钮，弹出"CSS 规则定义"对话框，选中"分类"中的"背景"选项，设置右边的"颜色"为"9999CC"。当鼠标经过链接文字上时，网页的最终效果如图 8.34 所示。

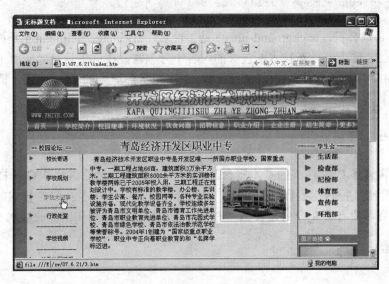

图 8.34　网页的最终效果

 知识拓展　在 HTML 中创建编辑样式表

Dreamweaver 提供了可视化创建、编辑 CSS 的统一面板，操作方便。有时网页制作者需要深入探究 CSS 的底层机理，灵活定制一些 CSS 的功能，可直接在 Dreamweaver 代码视图中创建、编辑 CSS 样式，操作方法由设计视图切换到代码视图。下面截取了代码视图中的 CSS 部分代码，如图 8.35 所示。

```
32   <style type="text/css">
33   <!--
34   #Layer1 {
35       position:absolute;
36       left:147px;
37       top:247px;
38       width:190px;
39       height:22px;
40       z-index:1;
41   }
42   .STYLE1 {font-size: 12px}
43   #Layer2 {
44       position:absolute;
45       left:147px;
46       top:278px;
47       width:197px;
48       height:23px;
49       z-index:2;
50   }
51   body {
52       background-image: url(image/beijing.jpg);
53   }
54   -->
55   </style>
```

图 8.35　代码视图中的 CSS 代码

样式表通常放在 HTML 文档的< head ></head >标签内定制，由样式规则组成，执行时浏览器根据这些规则来显示文档。样式表的规则两部分组成：选择符和样式定义。

选择符通常是一个 HTML 元素，样式定义由属性和值组成。样式规则的组成形式为：

　　　选择符 { 属性：值 }

如图 8.35 中

```
body {
    background-image: url(image/beijing.jpg);
}
```

其中，body 是选择符，background-image 是属性名，url(image/Beijing.jpg)是属性值。

当然，CSS 作为一种新技术，包含的内容十分丰富，在这里只是抛砖引玉，简单介绍了在 HTML 中创建编辑样式表的一些方法，要想掌握更多的 CSS 知识，需要阅读这方面的其他书籍。

 项目小结

本项目讲解了 CSS 样式的基本概念及 CSS 样式面板，然后讲解了 CSS 样式的创建方法，重点介绍了特种标签样式的制作，并结合项目，具体讲述了 CSS 样式的运用。通过学习本项目，读者要在今后建设网站时灵活运用样式表，制作出专业级水平的网页。

 思考与练习

一、选择题

1．如果要使一个网站的风格统一并便于更新，在使用 CSS 文件的时候，最好是使用（　　）。

　　A．外部链接样式表　　　　　　　B．内嵌式样式表

　　C．局部应用样式表　　　　　　　D．以上三种都一样

2．在 CSS 语言中，（　　）是"文本缩进"的允许值。

　　A．auto　　　　　　　　　　　　B．背景颜色

　　C．百分比　　　　　　　　　　　D．统一资源定位 URL

3．在 CSS 中"背景颜色"的允许值设置的是（　　）。

　　A．aseline　　　　　　　　　　　B．justify

　　C．transparent　　　　　　　　　D．capitalize

4．新建 CSS 规则中，选择器的类型可应用任何标签的是（　　）。

　　A．标签　　　　　　　　　　　　B．类

　　C．高级（ID、伪类选择器等）　　D．都不是

5．CSS 的全称是什么？（　　）。

　　A．Cascading Sheet Style　　　　　B．Cascading System Sheet

　　C．Cascading Style Sheet　　　　　D．Cascading Style System

6．在 CSS 语言中，（　　）是"漂浮"的语法。

　　A．border: <值>　　　　　　　　B．float: <值>

　　C．width: <值>　　　　　　　　D．list-style-image: <值>

7. 在 CSS 语言中，（   ）是"上边框"的语法。

    A．letter-spacing: <值>    B．border-top: <值>

    C．border-top-width: <值>    D．text-transform: <值>

8. 下列关于 CSS 的说法错误的是（   ）。

    A．CSS 的全称是 Cascading Style Sheets，中文的意思是"层叠样式表"

    B．CSS 样式不仅可以控制大多数传统的文本格式属性，还可以定义一些特殊的 HTML 属性

    C．使用 Dreamweaver 只能可视化创建 CSS 样式，无法以源代码方式对其进行编辑

    D．CSS 的作用是精确定义页面中各元素以及页面的整体样式

9. （   ）可以实现如下图所示的文字效果。

    A．{font-style: italic; color: #009900; text-decoration: underline;}

    B．{font-weight: bold; color: #009900; text- indent: underline;}

    C．{ font-style: italic; color: #009900; text-decoration: line-through;}

    D．{font-weight: bold; color: #009900; text- indent: line-through;}

10. 如果要使用 CSS 将文本样式定义为粗体，需要设置（   ）文本属性。

    A．font-family    B．font-style

    C．font-weight    D．font-size

11. 下列各项中不是 CSS 样式表优点的是（   ）。

    A．CSS 可以用来在浏览器的客户端进行程序编制，从而控制浏览器等对象操作，创建出丰富的动态效果

    B．CSS 对于设计者来说是一种简单、灵活、易学的工具，能使任何浏览器都听从指令，知道该如何显示元素及其内容

    C．一个样式表可以用于多个页面，甚至整个站点，因此具有更好的易用性和扩展性

    D．使用 CSS 样式表定义整个站点，可以大大简化网站建设，减少设计者的工作量

12. 如下所示的这段 CSS 样式代码，定义的样式效果是（   ）。

    a:link {color: #ff0000;}

    a:visited {color: #00ff00;}

a:hover {color: #0000ff;}

a:active {color: #000000;}

其中#ff0000 为红色，#00000 为黑色，#0000ff 为蓝色，#00ff00 为绿色

A. 默认链接色是绿色，访问过链接是蓝色，鼠标上滚链接是黑色，活动链接是红色

B. 默认链接色是蓝色，访问过链接是黑色，鼠标上滚链接是红色，活动链接是绿色

C. 默认链接色是黑色，访问过链接是红色，鼠标上滚链接是绿色，活动链接是蓝色

D. 默认链接色是红色，访问过链接是绿色，鼠标上滚链接是蓝色，活动链接是黑色

二、填空题

1. CSS 面板含有"全部"和"正在"选项卡，分属_____模式和_____模式。

2. CSS 是 Cascading Style Sheets 的简称，在 HTML 文档中利用_____网页。

3. CSS 选择器类型共有_____、_____、_____三种。

4. 背景样式主要是对_____和_____的设置。

5. 扩展分类设定网页一些_____的样式，如光标、分页、过滤器等。

三、简答题

1. 网页中使用 CSS 技术有什么好处？

2. 如何编辑 CSS 规则？

项目九

# 创 建 表 单

　　随着 Internet 的发展，人们不再局限浏览页面，被动地接受信息，而是主动地交互信息，表单常常用于收集用户提供的信息，并提交给服务器处理。表单在网站应用中十分普遍，例如网上购物、预定机票、网上汇款、购买保险等。表单作为在 Web 站点上用来收集信息、传送信息的重要载体，其作用日益突出。无论 ASP、JSP 网页编程，还是 CGI 编程，表单都是重点内容，也是编程者必须掌握的核心技术。

## 任务目标

◆ 了解表单的定义、属性

◆ 掌握表单元素的创建方法、属性设置

◆ 灵活运用表单元素制作表单

◆ 学会验证表单的方法及接受表单数据的方式

## 任务一　认识表单

### 知识 9.1　表单简介

表单主要是为了实现浏览网页的用户同 Internet 服务器之间的交互。表单把用户输入的信息提交给服务器进行处理，从而实现用户和服务器的交互。表单包含了用于交互的表单对象，表单对象主要包括文本域、复选框和列表/菜单元素等。

浏览器处理表单数据的过程是这样的：用户在表单元素中输入了数据之后，提交表单，浏览器把这些数据发送给服务器，服务器端脚本或应用程序对传来的数据加以处理，处理结束后，返还给浏览器端，用户浏览到所需要的内容。

### 知识 9.2　表单布局

Dreamweaver CS3 中表单对象包括文本域、单选框、复选框、列表/菜单、按钮、图像域、文件域、Spry 文本域验证等元素。在创建 HTML 文档后，在需要的地方插入表单对象，这时文档中出现红色的虚线框，虚线框相当于一个"容器"，代表表单对象，表单元素必须放置在这个"容器"内。一个文档中可插入多个表单对象，但一个表单对象不能包含其他表单对象。

在表单对象中布局多个表单元素较为复杂，不易安排。为了合理布局，通常的做法是首先在表单域（红色虚线内）中插入表格，按照表单元素的多少确定表格的行列，并对表格进行格式化处理，然后把表单元素插入到表格中，完成表单的布局。

表单的属性通过"属性"面板进行设置，主要包括"表单名称"、"动作"、"方法"和"MIME 类型"选项，在任务二中予以讲述。

## 任务二　创建表单元素

### 操作 9.1　创建表单域

　**操作步骤**

1）打开一个页面，将插入点放在希望表单出现的位置。

2）选择"插入"菜单中"表单"命令，或单击"表单"面板上的"表单"按钮图标，如图 9.1 所示。

图 9.1　"表单"按钮图标

Dreamweaver 将插入一个空的表单。当页面处于"设计视图"时，用红色的虚轮廓线指示表单域，如图9.2所示。

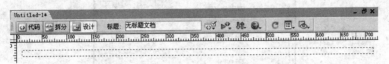

图 9.2　红色轮廓线部分为表单域

3）表单域属性参数设置：选取插入的表单，"属性"面板如图9.2所示。

图 9.3　表单"属性"面板

①　"表单名称"：默认名称 form1~n（n 为整数），可修改默认表单名称，修改的名称要有意义，便于编程操作。

②　"动作"：在"动作"文本框中，指定处理该表单的动态页或脚本的路径。

③　"方法"：指定将表单数据传输到服务器所使用的方法。在"方法"弹出菜单中含有"GET"和"POST"两个选项，其中"GET"为追加表单值到 URL 并发送到服务器 GET 请求。"POST"将在 HTTP 请求中嵌入表单数据。默认方法使用浏览器的默认设置将表单数据发送到服务器。通常，默认方法为 GET 方法。

④　"MIME 类型"：指定对提交给服务器进行处理的数据类型使用 MIME 编码类型。

在插入表单之后，就可以在表单域内插入表单元素了，如文本域、单选按钮、复选框等。

表单元素必须插入表单域内（红色虚线内），因为客户端向服务器提交数据，是将表单内所有元素的值同时向服务器提交。

## 操作 9.2　创建文本域

文本域是表单中最常用的元素，可输入文本、数字、或字母。输入内容可单行显示，或多行显示，还可以设置密码，并以星号显示。现以单行文本域、多行文本域进行讲解。

1. 插入单行文本域

　操作步骤

1）单击"表单"面板上的"文本字段"按钮，如图9.4所示。

图 9.4　"文本字段"按钮图标

2）弹出"输入标签辅助功能属性"对话框，如图9.5所示。

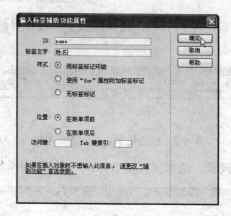

图 9.5 "输入标签辅助功能属性"对话框设置

对话框中的各参数意义如下：

① ID：表单域中指定文本字段唯一标识。

② 标签文字：文本字段的标签说明属性。

③ 样式：共 3 种，"用标签标记环绕"指在表单项的两边添加 Label 标记、"使用'for'属性附加标签标记"指使用'for'属性在表单项两侧添加 Label 标记，"无标签标记"指不使用 Label 标记。

④ 位置：设置标签文字在表单项前面或后面。

⑤ 访问键：Alt 键加上一个键盘字母在浏览器中选择表单对象。

⑥ Tab 键索引：为表单对象指定 Tab 顺序。

3）设置参数完毕，单击"确定"按钮，文本域添加到表单中。在表单中单击"文本域"对象，设置文本域的"属性"面板如图 9.6 所示。

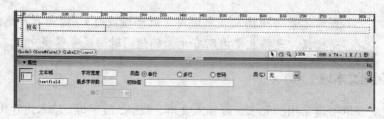

图 9.6 "文本域"的"属性"面板

在"属性"面板中，"文本域"可输入文本域的名称，"字符宽度"指定文本的最大长度。"最多字符数"限定用户输入的最多字符数，用于表单验证。在"初始值"中可输入初始的文本，初始的文本在浏览器首次载入表单时显示。

2. 插入多行文本域

1）单击"表单"面板上的"文本区域"按钮，如图 9.7 所示。

图 9.7 "文本区域"按钮图标

2）弹出"输入标签辅助功能属性"对话框，具体设置参照单行文本域部分。

3）设置参数完毕，单击"确定"按钮，文本区域添加到表单中。在表单中单击的"文本区域"对象，设置文本域的"属性"面板如图9.8所示。

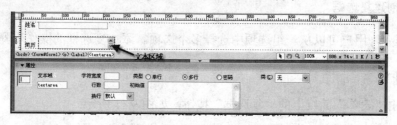

图9.8 "文本区域"的"属性"面板

4）在"属性"面板中，"文本区域"可输入文本域的名称，"字符宽度"指定文本的最大长度。"行数"制定要显示的最大行数。"换行"指定当用户输入的信息较多，无法在定义的文本区域内显示时，如何显示用户输入的内容。

### 操作9.3 创建按钮

表单按钮可以控制表单操作。使用表单按钮将输入表单的数据提交到服务器，或者重置该表单的数据。

 **操作步骤**

1）单击"表单"面板上的"按钮"按钮，如图9.9所示。

图9.9 "按钮"图标

2）弹出"输入标签辅助功能属性"对话框，具体设置参照单行文本域部分。

3）设置参数完毕，单击"确定"按钮，按钮添加到表单中。在表单中单击"按钮"对象，设置"按钮"的"属性"面板如图9.10所示。

图9.10 "按钮"的"属性"面板

在"属性"面板的"标签"文本框中输入希望在该按钮上显示的文本。从"动作"选项组选择一种操作。可选的操作有：

① "提交表单"指在单击该按钮时提交表单进行处理。

②"重设表单"指在单击该按钮时，重设表单。

③"无"指在单击该按钮时，根据处理脚本激活一种操作。

### 操作9.4 创建复选框

复选框允许用户可以从一组选项中选择多个选项。添加复选框的操作步骤如下。

 **操作步骤**

1）单击"表单"面板上的"复选框"按钮，如图9.11所示。

图9.11 "复选框"按钮图标

2）弹出"输入标签辅助功能属性"对话框，具体设置参照单行文本域部分。

3）设置参数完毕，单击"确定"按钮，复选框添加到表单中。选中表单中的"复选框"按钮对象，如图9.12所示。

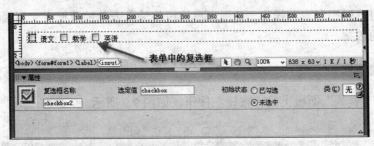

图9.12 "复选框"的"属性"面板

在"属性"面板的"复选框名称"文本框中，为该复选框输入一个唯一的描述性名称。在"选定值"文本框中，为复选框输入值。对于"初始状态"选项组，如果希望在浏览器中首次载入该表单就有一个选项显示为选中状态，需选择"已勾选"单选钮。

### 操作9.5 创建单选按钮

 **操作步骤**

1）单击"表单"面板上的"单选按钮"按钮，如图9.13所示。

图9.13 "单选按钮"按钮图标

2）弹出"输入标签辅助功能属性"对话框，具体设置参照单行文本域部分。

3）设置参数完毕，单击"确定"按钮，单选按钮添加到表单中。在表单中单击"单选按钮"对象，设置单选按钮的"属性"面板，文本框中输入一个描述性名称；在"选定值"文本框中，输入当用户选择此单选按钮时将发送到服务器端脚本或应用程序的值。对于"初始状态"选项组，如果希望在浏览器中首次载入该表单时有一个选项显示为选中状态，需选择"已勾选"单按钮，如图 9.14 所示。

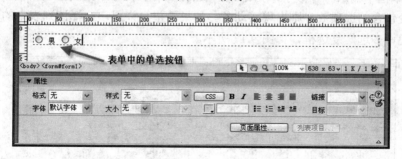

图 9.14 "单选按钮"的"属性"面板

另外，也可以单击"单选按钮组"按钮，弹出图所示的"单选按钮组"对话框，将多个单选按钮作为一组输入，如图 9.15 所示。

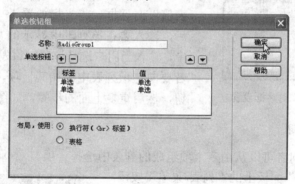

图 9.15 "单选按钮组"对话框

### 操作 9.6 创建列表菜单框

通过列表菜单框可以创建滚动列表和下拉列表，具体操作如下：

#### 1. 创建滚动列表

滚动列表可以显示多个选项，用户可以滚动整个列表，并选择其中的多个项。

 **操作步骤**

1）单击"表单"面板上的"列表/菜单"按钮，如图 9.16 所示。

图 9.16 "列表/菜单框"按钮图标

2）弹出"输入标签辅助功能属性"对话框，具体设置参照单行文本域部分。

3）设置参数完毕，单击"确定"按钮，"列表/菜单"添加到表单中。在表单中选中"列表/菜单"按钮对象，在"属性"面板的"类型"选项组中选择"列表"单选钮。在"高度"文本框中输入一个数字，指定该列表将显示的行（或项）数。如果指定的数字小于该列表包含的选项数，则出现滚动条。如果希望允许用户选择该列表中的多个项，需选择"允许多选"复选框，如图 9.17 所示。

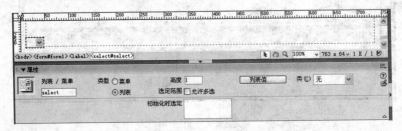

图 9.17 "列表/菜单框"的"属性"面板

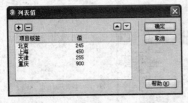

图 9.18 "列表值"对话框设置

4）单击"列表值"按钮添加选项，弹出"列表值"对话框。将光标放置于"项目标签"域中后，输入要在该列表中显示的文本。在"值"域中，输入当用户选择该项时将发送服务器的数据。若要向选项列表中添加其他项，可单击加号 ⊞ 按钮，然后重复上面的步骤，如图 9.18 所示。

2．创建下拉列表

下拉列表是访问者可以从由多个项组成的列表中选择一项。

1）单击"表单"面板上的"列表/菜单"按钮，在表单中插入"列表/菜单"按钮。

2）选中"列表/菜单"按钮对象，在"属性"面板的"类型"选项组中选择"菜单"单按钮，单击"列表值"按钮添加选项，出现"列表值"对话框，如图 9.19 所示，使用前面介绍过的方法添加内容。

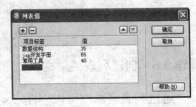

图 9.19 "列表值"对话框设置

### 操作 9.7　创建 Spry 验证文本域

Spry 框架提供了面向 Web 设计的 JavaScript 库，增强了网页动态交互的功能。Spry 验证组件是 Dreamweaver CS3 Spry 框架的重要组成部分，利用 Spry 验证组件制作表单验证，更加方便、全面而有效，给用户以丰富的体验。Spry 验证组件包括 Spry 验证文本域、Spry 验证文本区域、Spry 验证复选框和 Spry 验证选择。现对创建 Spry 验证文本域予以讲述，其他验证组件可参照此方法。

**操作步骤**

1）单击"表单"面板上的"Spry 验证文本域"按钮，如图 9.20 所示。

图 9.20  Spry 验证文本域

2）弹出"输入标签辅助功能属性"对话框，具体设置参照单行文本域部分。

3）设置参数完毕，单击"确定"按钮，"Spry 验证文本域"添加到表单中，如图 9.21 所示。

图 9.21  表单中的"Spry 验证文本域"及"属性"面板

4）"属性"面板各参数的含义如下：

① 类型：涵盖了文本域输入的各种类型，包括"无"、"整数"、"电子邮件"、"日期"、"时间"、"信用卡"、"邮政编码"、"电话号码"、"货币"、"实数/科学记数法"、"URL"、"自定义"14 种，当选中其中一种数据类型，可设置该类型的各种属性。

② 预览状态：用于设置 Spry 验证文本域的预览状态。分为"初始"、"必填"、"有效"三种选项。

③ 验证于：用于指定验证发生的时间。共三个复选框，分别表示：

onBlue：当用户在文本域的外部单击时验证。

onChange：当用户更改文本域的文本时验证。

onSubmit：当用户提交表单时验证。

④ 指定最大字符数和最小字符：当类型是"无"、"整数"、"电子邮件"、"URL"时，指定最大字符数和最小字符数。

⑤ 指定最大值和最小值：当类型是"整数"、"时间"、"货币"、"实数/科学记数法"时，指定最大值和最小值。

⑥ 必需的：如选择该复选框，要求用户上传表单之前必填内容。

⑦ 强制模式：如选择该复选框，可以禁止用户在验证文本域组件时输入无效字符。

⑧ 提示：当用户输入文本时，提示用户应输入的文本格式。

5）Spry 验证文本域设置示例：设置 Spry 验证文本域的"类型"为"电子邮件"，"验证于"为"onChange"，"最大字符数"和"最小字符数"为"50"、"10"，选中"必需的"复选框，"预览状态"为"有效"，如图 9.22 所示。

图 9.22　设置 Spry 验证文本域

 实训项目

## 实训 9.1　"学员报名表"制作

1. 表单网页制作

（1）建立站点及网页

 操作步骤

1）在 D 盘建立站点目录 myproject9 以及子目录 images 和 files，在"高级"标签中定义站点，站点名为"学员报名表"，如图 9.23 所示。

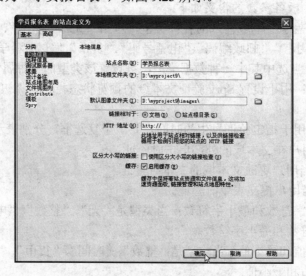

图 9.23　站点定义

2）在 Dreamweaver 起始页中的"创建新项目"中单击"HTML"，创建新网页。

（2）建立表单布局

1）执行"插入"、"表单"、"表单"命令，在网页中插入表单域。

2）将光标定位在表单域内，单击"常用"工具栏中的"表格"按钮，在弹出的对话框中设置 11 行、1 列的表格，边框粗细为 1，如图 9.24 所示。

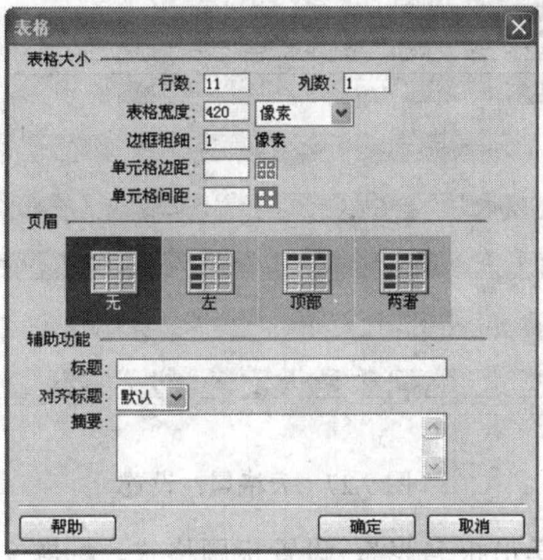


图 9.24 插入表格

3）选取建立的表格，执行“命令”、“格式化表格”命令，在该对话框中选取“AltRows:Basic Gray”，如图 9.25、图 9.26 所示。

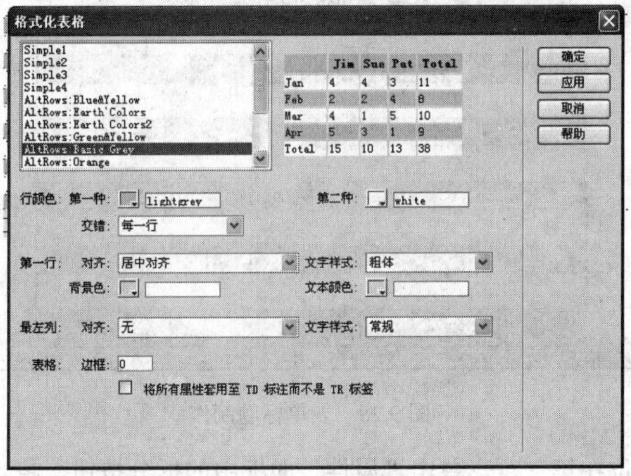


图 9.25 格式化表格

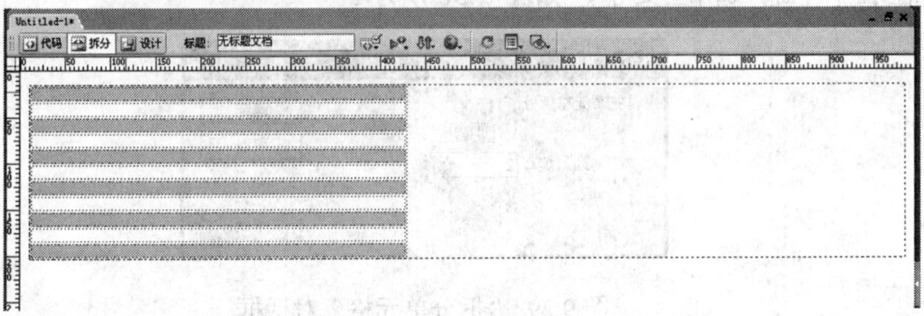


图 9.26 表格样式

4）选取当前表格，在“属性”面板中将对齐方式设置为居中对齐，宽度为 620 像素，填充值为 10，如图 9.27 所示。

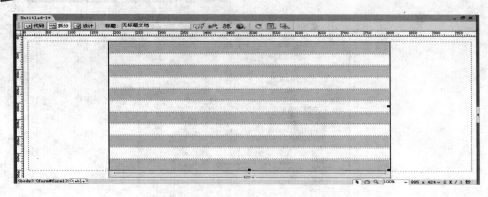

图 9.27　表格属性设置

5）输入表单标题"学员报名表"，设置标题格式，标题文字为黑体，颜色为默认颜色，如图 9.28 所示。

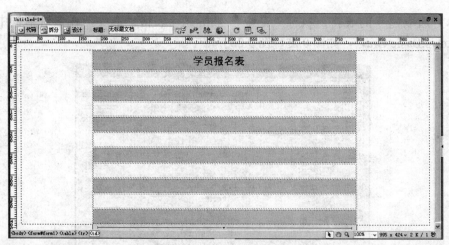

图 9.28　表单标题制作

6）将光标定位在第二行，单击"属性"面板中的拆分按钮，将当前行拆分为 2 列，如图 9.29 所示。

7）在表单中输入相应文字，如图 9.30 所示。

图 9.29　"拆分单元格"对话框

（3）插入表单元素

1）将光标定位在第三行"姓名："后，单击"表单"选项卡中的"文本字段"按钮，在文字后插入文本域，如图 9.31 所示。

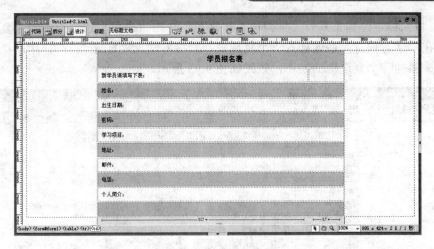

图 9.30 输入相关的文字

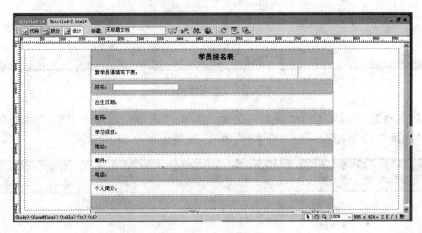

图 9.31 插入文本字段

2）重复以上步骤，分别在"出生日期"、"密码"、"邮件"、"电话"之后插入"文本字段"，效果如图 9.32 所示。

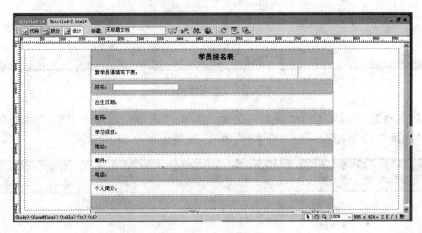

图 9.32 插入其他三个文本字段的效果

3）将光标定位到第六行"学习项目"之后，单击"表单"选项卡中的"复选框"按钮，在"学习项目"后面插入一个复选框，紧接着输入"Java 编程"，用同样的方法分别完成其他三个复选框的制作，效果如图 9.33 所示。

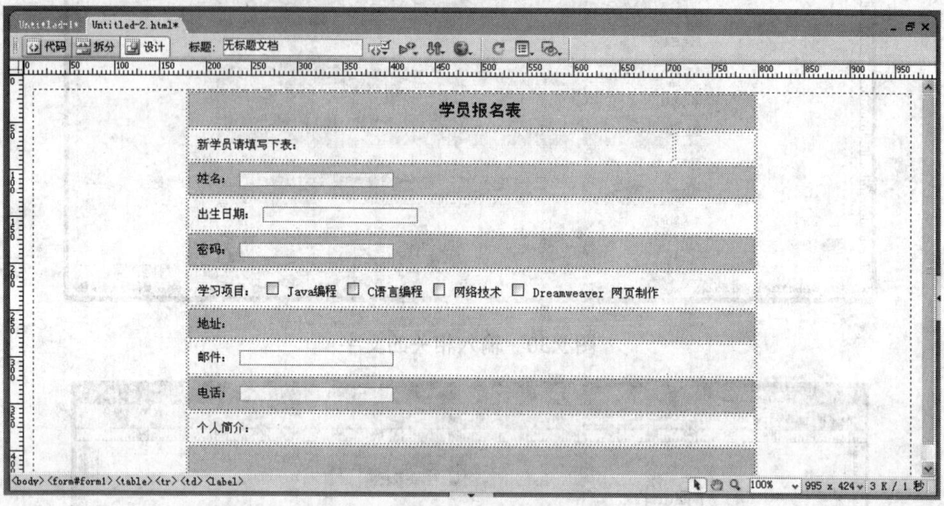

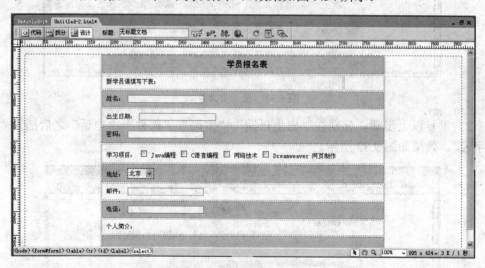

图 9.33　复选框的制作

4）将光标定位到第七行"地址"之后，单击"表单"选项卡中的"列表/菜单"按钮，在"地址"后面插入一个"列表/菜单"，效果如图 9.34 所示。

图 9.34　列表/菜单项的制作

5）将光标定位到第十行"个人简介："之后，单击"表单"选项卡中的"文本区域"按钮，在"个人简介："后面插入一个"文本区域"，效果如图 9.35 所示。

6）将光标定位到第十一行，并将该行拆分为两个单元格，单击"表单"选项卡中的"按钮"图标，在第一个单元格中插入一个按钮，使其右对齐；同样的方法在第二个单元格中插入第二个按钮，使其左对齐，效果如图 9.36 所示。

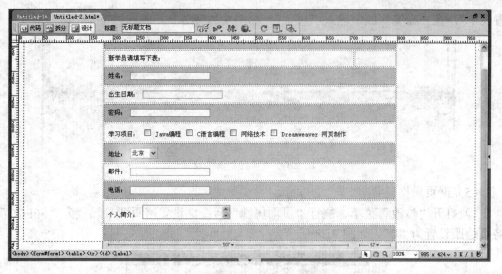

图 9.35　文本区域的制作

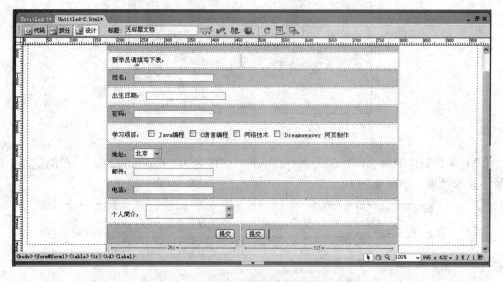

图 9.36　按钮的制作

（4）表单元素的属性设置

1）选取第三行的文本域，在"属性"面板的文本域名称项中输入"name"；"字符宽度"项中输入"12"。以同样的方法，将第四行的文本域名称项中输入"birthday"，字符宽度为"20"；将第五行的文本域名称项中输入"password"，字符宽度为"16"，类型为"密码"；将第八行的文本域名称项中输入"email"，字符宽度为"18"；将第九行的文本域名称项中输入"tel"，字符宽度为"18"。

2）选取第七行的列表/菜单，单击"属性"面板中的"列表值"按钮，在弹出的"列表值"对话框中的"项目标签"项中分别输入 4 个直辖市和 23 个省、5 个自治区、2 个特别行政区。

3）选取第十一行的第二"提交"按钮，在"属性"面板的"动作"项中选取"重置表单"，在"标签"域中输入"重置"，如图 9.37 所示。

图 9.37 "重置"属性设置

（5）网页属性设置

1）打开"修改"菜单，执行"页面属性"命令，设置网页背景颜色为"FFFCC"，各页边距设置为"0"，如图 9.38 所示。

图 9.38 图网页属性设置

2）保存制作的网页，目录为 myproject9，文件名为"baoming.htm"，在浏览器中的最终显示效果，如图 9.39 所示。

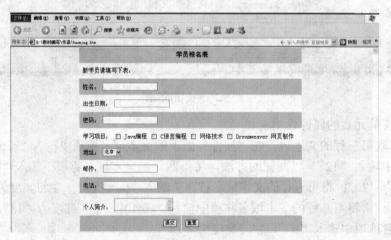

图 9.39 浏览器显示效果

## 2. 表单验证及接受结果

在创建表单元素之后，还应对表单中一些元素对象设置数据输入的验证规则或者添加用于检查指定文本域中内容的 JavaScript 代码，以确保用户输入了正确的数据类型。

（1）表单验证

 **操作步骤**

1）在文档内单击左下角的表单标签<form#form1>选中整个表单，如图 9.40 所示。

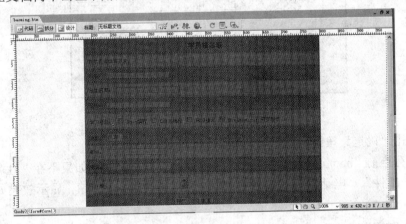

图 9.40　被选中的表单

2）打开"窗口"菜单，单击"行为"命令，"行为"面板已被打开。

3）单击"行为"面板中的 ➕ 按钮，在弹出菜单中选择"检查表单"，如图 9.41 所示。

4）在该表单中，用户提交数据时必须填写姓名及密码，因此，在"命名的栏位"中分别选取"name"和"password"，选中"必需的"，如图 9.42 所示。

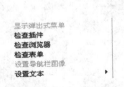

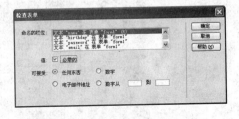

图 9.41　动作弹出菜单中的"检查表单"　　　图 9.42　"检查表单"属性设置 1

5）在该表单中，用户提交数据时必须填写电子邮件，并且符合电子邮件格式，因此，在"命名的栏位"中分别选取"email"，选中"必需的"，并选取"电子邮件"按钮，如图 9.43 所示。

图 9.43　"检查表单"属性设置 2

6）在该表单中，用户提交数据时必须填写电话，并且要填写数字，因此，在"命名的栏位"中分别选取"tel"，选中"必需的"，并选取"数字"按钮，如图 9.44 所示。

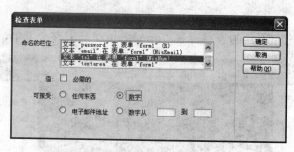

图 9.44 "检查表单"属性设置 3

7）单击"确定"按钮，关闭对话框。

8）保存当前"baoming.htm"文件，在浏览器中打开网页，如果不在"姓名"、"密码"、"电子邮件"、"电话"文本域中输入数据，单击"提交"按钮，显示效果如图 9.45 所示。

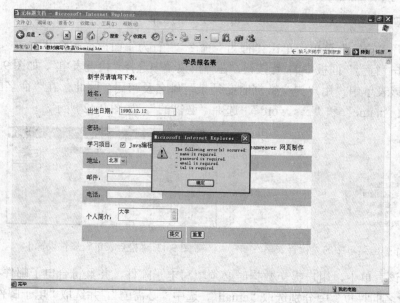

图 9.45 检查表单效果

（2）使用电子邮件接受表单结果

1）在文档内单击左下角的表单标签<form#form1>选中整个表单。

2）在"属性"面板的"动作"文本域中输入表单动作：mailto:zxueyi@163.com，在"方法"下拉列表中选择"POST"选项。

3）在"MIME 类型"中输入：text/plain，表示指定表单数据按纯文本的传送，如图 9.46 所示。

4）保存当前"baoming.htm"网页。

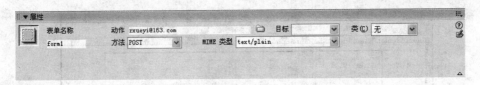

图 9.46　接受表单结果设置

## 实训 9.2　制作"读者调查表"

【实训目的】

1）掌握表单布局的设计方法和插入表单元素的方法。

2）掌握表单元素的属性设置。

3）掌握表单验证及设置接受结果的方式。

4）建议该实训项目采用 Spry 架构，运用 Spry 验证文本域、Spry 验证文本区域、Spry 验证复选框和 Spry 验证选择，设计出更富动态交互效果的网页。

【实训提示】

1）在 D 盘建立站点目录 mytest9 以及子目录 images 和 files，在"高级"标签中定义站点，站点名为"读者调查表"，如图 9.47 所示。

2）在 Dreamweaver 起始页中的"创建新项目"中单击"HTML"，创建新网页。

3）在新建网页中插入表单域，并在该表单中插入表格，表格为 18 行 2 列，边框为 0，表格宽度为 600 像素，如图 9.48 所示。

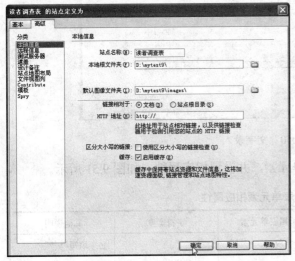

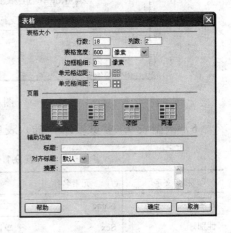

图 9.47　站点定义　　　　　　　　　　　　图 9.48　插入表格

4）将表格居中对齐，设置间距及填充为 0，可做适当的格式化，更具个性化，如图 9.49 所示。

5）在表单中输入相应文字，如图 9.50 所示。

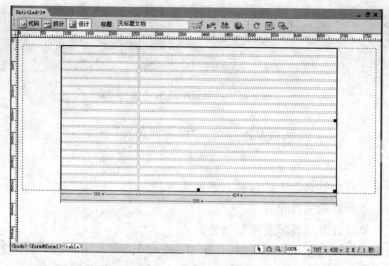

图 9.49  调整后的表格

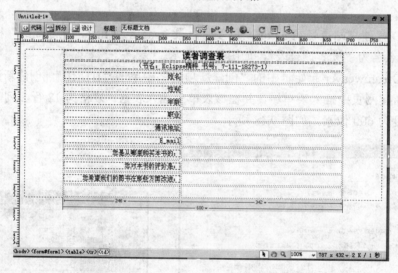

图 9.50  文字录入

6）根据表 9.1 参数要求，插入表单元素，并设置相应属性，如图 9.51 所示。

表 9.1  表单元素相应属性

| 相应文字 | 元素名称 | 所属表单元素 | 字符宽度 | 其他说明 |
|---|---|---|---|---|
| 姓名 | Name | 文本字段 | 12 | 必须填写 |
| 性别 | Sex | 单选按钮 | 2 | |
| 年龄 | Age | 文本字段 | 2 | 数字格式 |
| 职业 | Vocation | 文本字段 | 12 | |
| 通信地址 | Address | 文本字段 | 30 | |
| E-mail | Email | 文本字段 | 18 | 必须填写 |

续表

| 相应文字 | 元素名称 | 所属表单元素 | 字符宽度 | 其他说明 |
|---|---|---|---|---|
| 获知本书（略） | Book | 复选框 | | |
| 评价（略） | Mark | 单选按钮 | | 必须填写 |
| 改进（略） | Improve | 文本域 | 40 | |
| 提交 | Submit1 | 按钮 | | |
| 重置 | Submit2 | 按钮 | | |

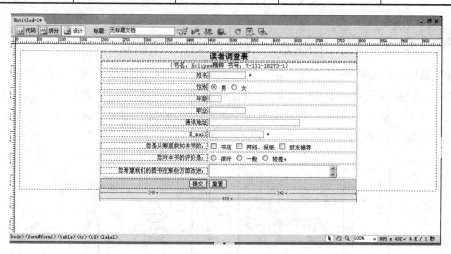

图 9.51　插入表单元素

7）打开"页面属性"对话框，设置网页背景颜色，网页标题等属性，保存当前文档，并以文件名"survey.htm"保存至站点根目录 mytest9 下，最后在浏览器显示效果如图 9.52 所示。

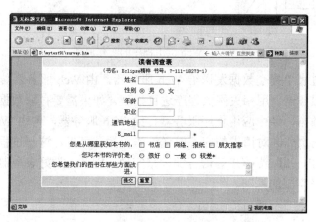

图 9.52　浏览器显示效果

8）表单验证：使用"行为"面板中的"检查表单"，将表单元素中带"*"的选项设置为必填项，并设置表单元素"Age"为数字格式。

9）数据接收：在文档内选中整个表单，在"属性"面板的"动作"文本域中输入表单动作：mailto:zxueyi@163.com，在"方法"下拉列表中选择"POST"选项，在"MIME 类型"中输入：text/plain。表示指定表单数据按纯文本的传送，如图 9.53 所示。

图 9.53    表单的"属性"面板设置

 ## 知识拓展    Web 应用程序的工作原理简介

本项目中，表单数据的发送之后，通过电子邮件接受结果的方式，最终生成一个纯文本文件，保存接收到的数据，这种方式比较简单、易操作，适合数据量少、业务相对简单的项目中。实际业务中，多采用 B/S（浏览器/服务器）模式，现通过一个图示做简单介绍，以加深对表单的理解，如图 9.54 所示。

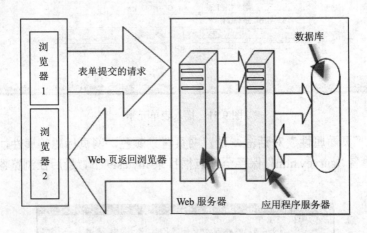

图 9.54    Web 应用程序的工作原理

浏览器端通过表单提交数据发送给 Web 服务器，由 Web 服务器传送给应用程序服务器，应用程序服务器调用相关网页程序进行处理，如果需要存取数据，则对数据库进行访问；处理的数据，经由应用程序服务器传给 Web 服务器，再由 Web 服务器进行相关处理，把这个网页作为对请求的应答发送给浏览器。可见，这一过程相对复杂，实现这一过程需要 ASP、JSP 或 CGI 等语言编程来实现，因此，学好表单制作网页，为以后编写复杂网页打好牢固的基础。

 ## 项目小结

表单主要包括文本域、单选按钮、复选框、列表/菜单、按钮和文件域等元素，创建和使用这些元素是制作表单项目的重点。在制作表单网页时，首先设计好表单布局，其次设置好表单元素的属性，同时，结合前面学过的表格布局、文字编辑等知识，融会贯通，灵活运用，制作出别一格的站点网页。

 思考与练习

一、选择题

1. 表单从浏览器发给服务器的两种方法是（　　）。

    A．FORM 和 POST
        B．GET 和 POST

    C．ident 和 GET
        D．bin 和 IDENT

2. 下面关于设置文本域的属性说法错误的是（　　）。

    A．单行文本域只能输入单行的文本

    B．通过设置可以控制单行域的高度

    C．通过设置可以控制输入单行域的最长字符数

    D．密码文本域的主要特点是不在表单中显示具体输入内容，而是用*来替代显示

3. 有一个供用户注册的网页，在用户填写完成后，单击"确定"按钮，网页将检查所填写的资料的有效性，这是因为使用了 Dreamweaver 的（　　）事件。

    A．检查表单
        B．检查插件

    C．检查浏览器
        D．改变属性

4. 若要在新浏览器窗口中打开一个页面，请从属性检查器的"目标"弹出菜单中选择（　　）。

    A．_blank
        B．_parent

    C．_self
        D．_top

5. HTML 代码<input type=text name=""address"" size=30>表示（　　）。

    A．创建一个单选框
        B．创建一个单行文本输入区域

    C．创建一个提交按钮
        D．创建一个使用图像的提交按钮

6. 以下（　　）属性不属于表单标记<FORM>的属性。

    A．Src
        B．Name

    C．Method
        D．Action

7. 图 9.55 中显示的表单元素有（　　）。

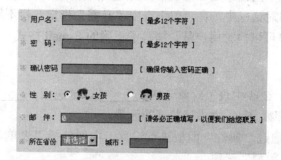

图 9.55　界面

A．文本字段、单选按钮、多选按钮、列表/菜单

  B．文本字段、列表/菜单、邮件区域、单选按钮

  C．文本字段、列表/菜单、密码型文本域、单选按钮

  D．文本字段、列表/菜单、单选按钮、图像域

 8．如图 9.56 所示，对于一个简单的调查表单，以下说法正确的是（  ）。

图 9.56　调查界面

  A．表单的元素必须使用 2 个以上

  B．图中投票按钮不是一个表单元素

  C．调查表单只能使用单选按钮

  D．调查结果如需要保存到数据库中，需要实现建立一个数据库链接

 9．"单选按钮组"是插入共享同一名称的单选按钮的集合，插入"单选按钮组"后要逐个命名（  ）。

  A．没有必要，DW 会自动命名

  B．有必要，要不然无法发送数据

  C．无法命名

  D．一个组中的所有单选按钮必须具有相同的名称，而且必须包含不同的域值

 10．在表单元素"列表"的属性中，（  ）用来设置列表显示的行数。

  A．类型       B．高度

  C．允许多选     D．列表值

 11．在 Dreamweaver 中，下面关于验证表单的说法错误的是（  ）。

  A．是程序执行前在网络上的验证

  B．会大大减少因程序处理错误事件而造成的不必要的负担

  C．验证表单对话框中，在"值"选中"必需"指定此栏不用填写

  D．验证表单可以检验用户是否填写了正确的 E-mail 格式

 二、填空题

 1．Dreamweaver CS3 中表单对象包括＿＿＿＿、单选框、＿＿＿＿、列表/菜单、按钮、图像域、文件域、Spry 文本域验证等元素。

 2．表单的属性通过"属性"面板进行设置，主要包括"表单名称"、＿＿＿＿、＿＿＿＿和"MIME 类型"选项。

 3．Spry 框架提供了面向 Web 设计的＿＿＿＿库，增强了网页动态交互的功能。

4. 文本域是表单中最常用的元素，可输入_____、数字、或字母。输入内容可单行显示，或多行显示，还可以设置_____，并以星号显示。

5. 浏览器端通过_____提交数据发送给 Web 服务器，由 Web 服务器传送给应用程序服务器。

三、简答题

1. 表单主要包含哪些元素？
2. 表单的"属性"面板各项参数有什么含义？

四、操作题

制作一个留言板的网页，包括用户登录界面和留言界面。

项目十

# 行为的应用

行为技术是 Dreamweaver 提供的一组制作网页动态交互的技术，如打开新窗口、弹出信息、交换图像、播放声音等。Dreamweaver 利用行为面板可以快速地制作动态效果的网页，无需用 JavaScript 或 VbScript 脚本语言编写复杂的代码，即可实现某些特殊的功能。

**任务目标**

- ◆ 了解行为、动作、事件的基本概念
- ◆ 掌握行为面板的使用方法
- ◆ 在网页设计中灵活地使用行为事件
- ◆ 初步认识 JavaScript 语言

## 任务一　认识行为

### 知识 10.1　行为概述

行为是由一个事件和一个动作组合而成的，其本质是一段代码，这些代码放置在文档中执行特定的任务，在浏览器中通过事件触发，以实现网页的各种特殊的功能。

事件是浏览器生成的消息，也就是说访问者对网页的元素执行了某种操作。例如当访问者将鼠标指针移动到某个链接上时，浏览器为该链接生成一个 onMouseOver 事件；然后浏览器调用相应的 JavaScript 代码。不同的页元素定义了不同的事件，例如在大多数浏览器中，onMouseOver 和 onClick 是与链接关联的事件，而 onLoad 是与图像和文档的 body 部分关联的事件。制作网页时常用事件如表 10.1 所示。

表 10.1　常用事件一览表

| 序　号 | 事件名称 | 简　单　描　述 |
|---|---|---|
| 1 | onAbort | 当访问者中断浏览器正在载入图像的操作时产生 |
| 2 | onAfterUpdate | 当网页中 bound（边界）数据元素已经完成源数据的更新时产生该事件 |
| 3 | onBeforeUpdate | 当网页中 bound（边界）数据元素已经改变并且就要和访问者失去交互时产生该事件 |
| 4 | onBlur | 当指定元素不再被访问者交互时产生 |
| 5 | onBounce | 当 marquee（选取框）中的内容移动到该选取框边界时产生 |
| 6 | onChange | 当访问者改变网页中的某个值时产生 |
| 7 | onClick | 当访问者在指定的元素上单击时产生 |
| 8 | onDblClick | 当访问者在指定的元素上双击时产生 |
| 9 | onError | 当浏览器在网页或图像载入产生错位时产生 |
| 10 | onFinish | 当 marquee（选取框）中的内容完成一次循环时产生 |
| 11 | onFocus | 当指定元素被访问者交互时产生 |
| 12 | onHelp | 当访问者单击浏览器的 Help（帮助）按钮或选择浏览器菜单中的 Help（帮助）菜单项时产生 |
| 13 | onKeyDown | 当按下任意键的同时产生 |
| 14 | onKeyPress | 当按下和松开任意键时产生。此事件相当于把 onKeyDown 和 onKeyUp 这两事件合在一起 |
| 15 | onKeyUp | 当按下的键松开时产生 |
| 16 | onLoad | 当一图像或网页载入完成时产生 |

续表

| 序　号 | 事件名称 | 简单描述 |
|---|---|---|
| 17 | OnMouseDown | 当访问者按下鼠标时产生 |
| 18 | onMouseMove | 当访问者将鼠标在指定元素上移动时产生 |
| 19 | onMouseOut | 当鼠标从指定元素上移开时产生 |
| 20 | onMouseOver | 当鼠标第一次移动到指定元素时产生 |
| 21 | onMouseUp | 当鼠标弹起时产生 |
| 22 | onMove | 当窗体或框架移动时产生 |
| 23 | onReadyStateChange | 当指定元素的状态改变时产生 |
| 24 | onReset | 当表单内容被重新设置为缺省值时产生 |
| 25 | onResize | 当访问者调整浏览器或框架大小时产生 |
| 26 | onRowEnter | 当 bound（边界）数据源的当前记录指针已经改变时产生 |
| 27 | onRowExit | 当 bound（边界）数据源的当前记录指针将要改变时产生 |
| 28 | onScroll | 当访问者使用滚动条向上或向下滚动时产生 |
| 29 | onSelect | 当访问者选择文本框中的文本时产生 |
| 30 | onStart | 当 Marquee（选取框）元素中的内容开始循环时产生 |
| 31 | onSubmit | 当访问者提交表格时产生 |
| 32 | onUnload | 当访问者离开网页时产生 |

　　动作是由预先编写的 JavaScript 代码组成的，这些代码执行特定的任务，例如打开浏览器窗口、显示或隐藏层、播放声音或停止 Macromedia Shockwave 影片。制作网页时常用动作如表 10.2 所示。

表 10.2　常用动作一览表

| 序　号 | 动作名称 | 简单描述 |
|---|---|---|
| 1 | 弹出消息 | 弹出消息框 |
| 2 | 打开浏览器窗口 | 打开新的浏览器窗口 |
| 3 | 设置状态栏文本 | 浏览器窗口底部左侧设置状态栏消息 |
| 4 | 播放声音 | 播放声音 |
| 5 | 显示隐藏层 | 显示或隐藏层 |
| 6 | 转到 URL | 在当前窗口或指定的框架中打开一个新网页 |
| 7 | 交换图像 | 交换图像 |
| 8 | 显示弹出菜单 | 为图像添加弹出菜单 |
| 9 | 检查插件 | 检查浏览器中已安装插件的功能 |
| 10 | 检查浏览器 | 检查浏览器的类型和型号 |

续表

| 序　号 | 动作名称 | 简单描述 |
|---|---|---|
| 11 | 检查表单 | 检查表单的内容的数据类型是否正确 |
| 12 | 设置导航栏图像 | 设置引导链接的动态导航条图像按钮 |
| 13 | 设置容器的文本 | 设置容器的文本 |
| 14 | 设置框架文本 | 设置框架中的文本 |
| 15 | 设置文本域文字 | 设置表单域内文字框中的文字 |
| 16 | 调用 Javascript | 调用 JavaScript 函数 |
| 17 | 跳转菜单 | 选择菜单实现跳转 |
| 18 | 跳转菜单开始 | 选择菜单后单击"Go"按钮实现跳转 |
| 19 | 预先载入图像 | 预装载图像，以改善显示效果 |
| 20 | 显示事件 | 在子菜单中选择浏览器，确定可执行的事件 |
| 21 | 拖动 AP 元素 | 拖曳 AP 到目标位置 |
| 22 | 恢复交换图像 | 恢复交换图像 |
| 23 | 停止时间轴 | 停止时间轴动画 |
| 24 | 播放时间轴 | 播放时间轴动画 |
| 25 | 转到时间轴帧 | 转到指定的时间轴中的帧 |
| 26 | 改变属性 | 改变对象的属性 |

## 知识 10.2　认识行为面板

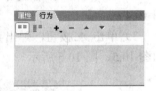

图 10.1　"行为"面板

选择"窗口"中的"行为"，就打开了"行为"面板，如图 10.1 所示。

单击 ＋ 按钮可以添加行为，单击 − 按钮可以删除事件，单击向上或向下按钮，调整行为的顺序。另外，在"行为"面板中，还可以显示设置事件和显示所有事件。

# 任务二　添加行为与事件

Dreamweaver 提供了大量的行为，但给网页添加行为，有着统一的规律，首先选择网页元素（对象），然后添加动作，最后调整事件。下面对常用的行为事件进行讲述。

## 操作 10.1　调用 JavaScript

单击行为面板中的 ＋ 按钮，弹出菜单，点击"调用 JavaScript"，即可弹出"调用

JavaScript" 对话框，如图 10.2 所示。

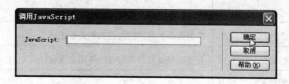

图 10.2　"调用 JavaScript" 对话框

在"调用 JavaScript"对话框的文本域中输入系统自带的函数，或自己编写的函数，然后单击"确定"按钮，完成动作的设置。

### 操作 10.2　弹出消息

弹出消息行为是网页中的元素由某个事件的触发而产生的动作。例如文档本身、表单、图像等页面元素，受到某个事件（onload、click 等）的触发，产生弹出消息动作。具体操作步骤如下。

**操作步骤**

1）单击设计视图中的底部左侧的<body>标签，即选中整个页面，如图 10.3 所示。

图 10.3　选中<body>标签

2）打开"行为"面板，被选中的<body>标签出现在"行为"面板的标题栏中，如图 10.4 所示。

3）单击 + 按钮，弹出菜单，选择"弹出信息"选项，弹出"弹出信息"对话框，如图 10.5、图 10.6 所示。

图 10.4　显示<body>标签　　　　　图 10.5　弹出式菜单

4）单击"确定"按钮，这时给网页添加一个动作，在"行为"面板上显示默认的 onload 事件，也可选择其他事件，如图 10.7 所示。

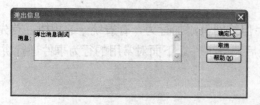

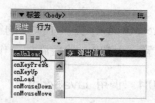

图 10.6　"弹出信息"对话框　　　　　图 10.7　选择事件

## 操作 10.3  打开浏览器窗口

在当前的浏览器窗口状态下，打开一个新的浏览器窗口。新的窗口可以设置窗口大小、名称以及是否有菜单等。利用这个行为，某些网站首页可以实现公告等功能。

单击弹出菜单中的"打开浏览器窗口"选项，调用"打开浏览器窗口"对话框，如图 10.8 所示。

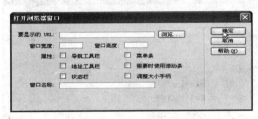

图 10.8  "打开浏览器窗口"对话

 **操作步骤**

"打开浏览器窗口"对话框各选项的设置如下：

1）要显示的 URL：选择在新窗口中显示的网页的 URL。

2）窗口宽度和高度：设置窗口的大小。

3）属性：设置窗口的各种属性。

4）窗口名称：设置窗口的名称。

## 操作 10.4  设置状态栏文本

"设置状态栏文本"指在浏览器底部左侧的状态栏中显示文本消息。

 **操作步骤**

1）单击 ＋ 按钮，弹出菜单，选择"设置文本"选项中的"设置状态栏文本"，如图 10.9 所示。

在弹出的"设置状态栏文本"的对话框中进行消息设置，如图 10.10 所示。

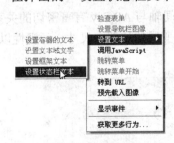
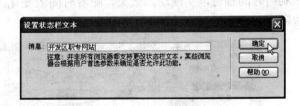

图 10.9  选择"设置状态栏文本"          图 10.10  消息设置

2）在"行为"面板中设置"onload"事件，当网页载入后状态栏显示文本。

### 操作 10.5　交换图像

交换图像用于实现网页中两幅图像交换显示。首先选中在设计文档中的一幅图像，然后单击行动面板中的 ￼ 按钮，弹出菜单，选择"交换图像"选项，弹出"交换图像"对话框，如图 10.11 所示。

图 10.11　"交换图像"对话框

**操作步骤**

1）"图像"列表框：选择图像名称。

2）"设定原始档为"文本框与"浏览"按钮：输入或选择将要更换的图像。

3）"预先载入图像"复选框：选中该复选框后，可以预载入图像，起到缓存作用，能更快的显示图像，避免较长的迟钝感。

4）"鼠标滑开时恢复图像"复选框：选中该复选框后，当鼠标指针离开时恢复原先的图像。

## 任务三　添加时间轴

### 知识 10.3　认识时间轴面板

时间轴是 Dreamweaver 中一个十分重要的行为。时间轴与 AP Div 有着密切的关系，利用利用时间轴可以实现动画效果，随着时间的变化改变层的位置、尺寸、可视性以及叠放顺序可以实现更多的效果，如图 10.12 所示。

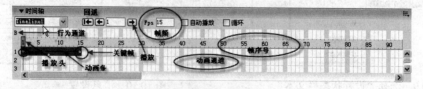

图 10.12　时间轴面板

1）播放头：显示当前页面上的层是时间轴的哪一帧。

2）动画通道：显示 AP Div 与图像的动画条。

3）动画条：显示每个对象的动画持续时间。

4）关键帧：在动画条中被指定动画属性的帧。

5）行为通道：在时间轴上某一帧执行指令的显示。

6）帧频：每秒钟播放的帧数，但超过用户浏览器可处理的速率则会被忽略掉，15Fps 是平均较好的速率。

7）自动播放：选中后，在浏览器打开该页面，动画就自动播放。

8）循环：选中后在浏览器中会无限循环播放，在行为通道中可以看到循环的标签，双击标签可以修改行为的参数和循环次数。

## 操作 10.6　使用时间轴

 **操作步骤**

1）单击"布局"中的"绘制 AP Div"，在文档窗口插入一个 AP Div，并在 AP Div 中插入一个的 flower.jpg 图片，如图 10.13 所示。

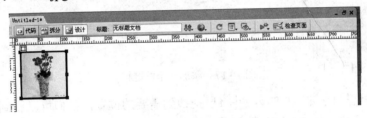

图 10.13　在 AP Div 中插入图像

2）选中 AP Div，将 AP Div 用鼠标拖拽到时间面板中，此时一个动画条出现在时间轴的第一个通道中，AP Div 的名字出现在动画条中，如图 10.14 所示。

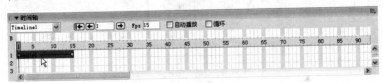

图 10.14　将 AP Div 拖拽到时间面板

3）在时间轴内单击选中第十五帧，如图 10.15 所示。

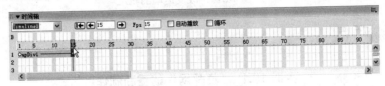

图 10.15　单击第十五帧

4）选中 AP Div，将 AP Div 用鼠标拖拽到动画结束的地方，这里我们设定在文档窗口右下角，此时一条线段显示出动画运动的轨迹，如图 10.16 所示。

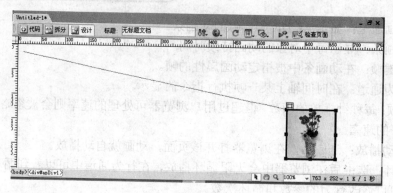

图 10.16　移动 ap Div

5）至此，一个动画创建完毕，按在"播放"可以浏览动画效果。选中自动播放和循环，保存文件后在浏览器也能看到动画效果。

6）如果想改变一下运动路径，则需要添加关键帧，在第十帧处用鼠标右键添加一个关键帧，如图 10.17 所示。

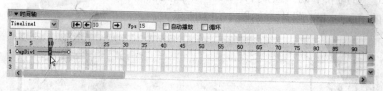

图 10.17　添加一个关键帧

7）在文档窗口选定 AP Div，并将层拖拽到需要的位置，我们可以看到运动的轨迹发生了相应的变化，如图 10.18 所示。

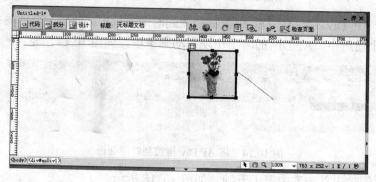

图 10.18　改变运动的轨迹

 实训项目

### 实训 10.1　"集邮网"的重新制作

1. 建立站点及网页

1）在 D 盘建立站点目录 myproject10 以及子目录 images 和 files,在"高级"标签中

定义站点，站点名为"集邮网"，如图 10.19 所示。

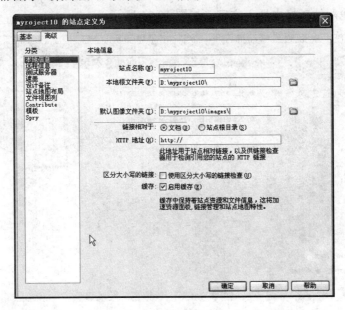

图 10.19　站点定义

2）在 Dreamweaver 起始页中的"创建新项目"中单击"HTML"，创建新网页。

2. 建立网页布局及设计首页

1）利用网页布局表格，设置首页，其中表格大小为 770×650 像素，设置表格居中，并插入背景图图片 bk.jpg，如图 10.20 所示。

图 10.20　图网页布局

2）运用表格布局模式，进一步布局。打开素材包，在相应的网页单元格中分别插入图像 00.jif（首页）、01.jif（邮票欣赏）、02.jif（新闻与评论）、03.jif（清代邮票）、04.jif（留言簿）。其他两处表格内插入文字，如图 10.21 所示。

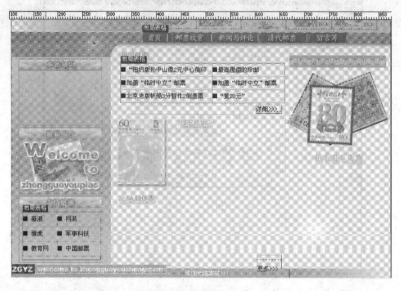

图 10.21　插入图像及输入文字

3）选取"布局"工具栏，单击"绘制 AP Div"按钮，在文档中分别插入 ap-Div 元素，在相应的位置输入文本，如图 10.22 所示。

图 10.22　在 AP Div 中输入文字

3. 设置"预先载入图像"动作

为了网页内图像显示流畅，采用"预先载入图像"动作，将网页内的图像预先下载到用户浏览器的文件缓存区中。

1）首先选中网页文档的左侧底部<body>标签，然后选择"预先载入图像"动作名称，调出"预先载入图像"对话框，如图 10.23 所示。

2）单击"浏览"按钮，选择 images 文件夹中"00.gif"图像，单击"确定"按钮。再依次单击 <sup>+</sup> 按钮，分别添加"01.gif"、"02.gif"、"03.gif"、"04.gif"图像，如图 10.24 所示。

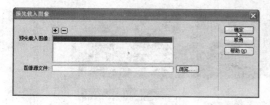

图 10.23　调出"预先载入图像"对话框

图 10.24　添加图像

3）单击"确定"按钮，完成"预先载入图像"动作设置。

4. 设置"打开浏览器窗口"动作

1）制作一个 HTML 文档 gonggao.html，保存在 files 文件夹内。

2）首先选中网页文档的左侧底部<body>标签，然后选择"打开浏览器窗口"动作名称，调出"打开浏览器窗口"对话框。分别设置"要显示的 URL"为"/files/gonggao.html"、"窗口宽度"为"300"、"窗口高度"为"250"和"窗口名称"为"青岛集邮之家通告"，如图 10.25 所示。

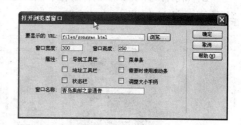

图 10.25　设置"打开浏览器窗口"

3）单击"确定"按钮，完成"打开浏览器窗口"动作设置。按 F12 键预览效果，如图 10.26 所示。

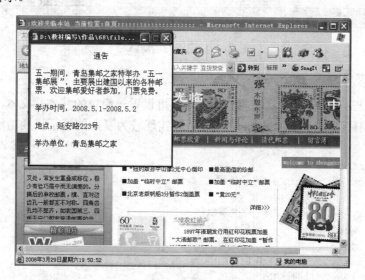

图 10.26　预览效果

**5. 制作浮动动画**

1）在文档中插入 AP 元素，并在 AP 中插入"images\donghuaadd.gif"图像。如图 10.27 所示。

图 10.27　AP 中插入图像

2）利用时间轴，制作该图像的运动轨迹，具体操作步骤参照本项目的任务三，最终的运动轨迹如图 10.28 所示。

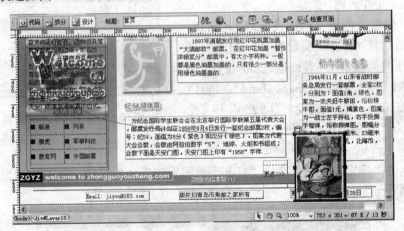

图 10.28　图像的运动轨迹

**6. 设置状态栏文本**

利用 Dreamweaver 的"状态栏文本"动作可设置较简单的状态栏文本，在任务二已有描述。本项目则采用 JavaScript 语言编写，实现较为复杂的显示日期功能。具体代码如下：

```
<script>
function bb()    //定义函数名bb()
{
today=new Date();  //变量赋值
var week_day;     //定义变量
var date;
if(today.getDay()==0)
week_day="星期日"
if(today.getDay()==1)
week_day="星期一"
```

```
if(today.getDay()==2)
week_day="星期二"
if(today.getDay()==3)
week_day="星期三"
if(today.getDay()==4)
week_day="星期四"
if(today.getDay()==5)
week_day="星期五"
if(today.getDay()==6)
week_day="星期六"
date=(today.getYear())+"年"+(today.getMonth()+1)+"月"+today.getDate()+"日";
h=today.getHours()
m=today.getMinutes()
s=today.getSeconds()
if(h<=9)  h="0"+h
if(m<=9)  m="0"+m
if(s<=9)  s="0"+s
time=h+":"+m+":"+s
window.status=date+week_day+""+time   //将日期时间赋值给窗口状态栏
setTimeout("bb()",500)               //定时刷新状态栏
}
bb()
</script>
```

在代码设计文档中，将以上代码输入到<head></head>之间，即嵌入到 HTML 文档中。在左下端最终显示效果如图 10.29 所示。

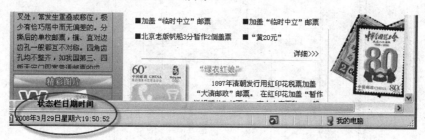

图 10.29 最终显示效果

## 实训 10.2 制作"旅游网"

【实训目的】

1）掌握"弹出消息"动作的设置方法。

2）掌握设置"显示隐藏元素"的方法。

3）掌握设置"转到 URL"的方法。

4）可参考本实训提示，自己创新，设计出独特风格的网页。

【实训提示】

1）在 D 盘建立站点目录 mytest10 以及子目录 images 和 files，在"高级"标签中定义站点，站点名为"旅游网"，如图 10.30 所示。

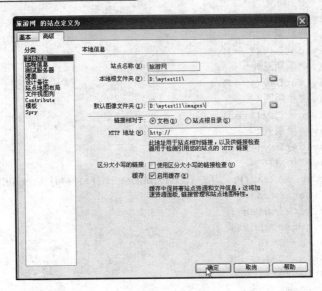

图 10.30 站点定义

2）在 Dreamweaver 起始页中的"创建新项目"中单击"HTML"，创建新网页。

3）利用网页布局表格和布局单元格，设置首页，其中表格大小为 772×634 像素，14 行 5 列，表格居中，如图 10.31 所示。

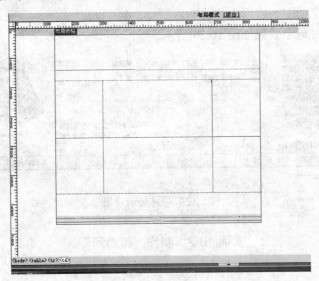

图 10.31 布局表格

4）打开素材包，在相应的网页单元格中分别插入图像 01.jpg、02.jpg、03.jpg、04.jpg、05.jpg、06.jpg、07.jpg、08.jpg。在第一行中插入 Flash 文件 GO.swf，如图 10.32 所示。

5）选取"布局"工具栏，单击"绘制 ap Div"按钮，在文档中分别插入 ap-Div 元素，并输入相应文本。在表单域中设置"账号"、"密码"文本域；设置"登录"、"注册"单选按钮，如图 10.33 所示。

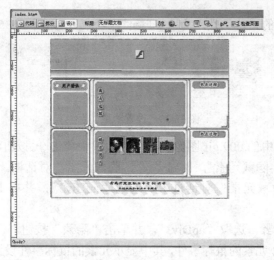

图 10.32 插入图像

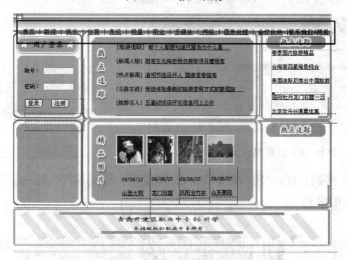

图 10.33 AP Div 中输入文本

6）制作"显示隐藏元素"。在表单"登录"下面分别插入 apDiv2、apDiv3 元素，apDiv2 中插入图像 009.jpg，apDiv3 中输入文字，如图 10.34 所示。

图 10.34 插入 apDiv2、apDiv3 元素

7）设置 apDiv3 的"可见性"为"hidden"（隐藏），如图 10.35 所示。

图 10.35  设置隐藏属性

8）选中 apDiv3 中的 009.gif 图像，在行为面板中单击 **+.** 按钮，并从"动作"弹出式菜单中选择"显示-隐藏元素"，调出"显示-隐藏元素"对话框。

9）在"显示-隐藏元素"对话框中，选取"apDiv3"，并单击"显示"按钮，如图 10.36 所示。

10）以同样的步骤，选取"apDiv3"，并单击"隐藏"按钮。

11）修改 apDiv2 元素的鼠标事件，其中显示元素的鼠标事件设置为"onMouseOver"，隐藏元素的鼠标事件设置为"outMouseOver"，如图 10.37 所示。

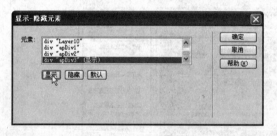

图 10.36  设置显示属性

图 10.37  设置事件

12）当鼠标移到 009.gif 图像时，显示图像说明。而当移开鼠标时，图像说明隐藏，显示效果如图 10.38 所示。

图 10.38  鼠标移到 009.gif 图像

13）改变属性行为设置。在"热点追踪"下面插入 apDiv1 元素，并输入文字，如图 10.39 所示。

14）选中 apDiv1 元素，在行为面板中单击 **+.** 按钮，并从"动作"弹出式菜单中选择"修改属性"，调出"修改属性"对话框，设置属性如图 10.40 所示。

图 10.39 插入 apDiv1 元素

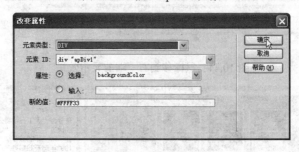

图 10.40 设置属性

15）单击"确定"按钮，在行为面板中，修改事件为"onMouseOver"，如图 10.41 所示。

16）以同样的方法，再添加一个"改变属性"行为，属性设置如图 10.42 所示。

 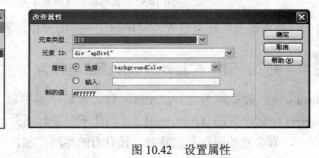

图 10.41 修改事件          图 10.42 设置属性

17）单击"确定"按钮，在行为面板中，修改事件为"onMouseOut"，如图 10.43 所示。

图 10.43 修改事件

18）按 F12 键，浏览网页。当鼠标移到右下端时，"热点追踪"说明文字背景变为黄色，而鼠标移开时恢复原色，分别如图 10.44、图 10.45 所示。

图 10.44　鼠标移到右下端的显示效果

图 10.45　鼠标移开时的显示效果

19）"弹出消息"行为设置，可根据任务二的操作步骤，自行完成。

 **知识拓展　JavaScript 语言与行为**

JavaScript 最早称为 LiveScript，自 1995 年诞生以来，经过十几年的发展，从 JavaScript1.0 到今天的 JavaScript1.5，功能不但完善强大，其标准被大多数浏览器厂商所采纳，丰富多彩的网页动态特效，强有力的界面控制，以及数据有效性检查都离不开 JavaScript 编程，甚至商业网站开发、企业 Erp 开发（B/S 模式）在客户端都运用了 JavaScript 脚本编程，可见 JavaScript 是 Web 编程中经常采用的脚本语言。

Dreamweaver 提供了大量的行为组件，提高了开发网页的效率，这些行为事件本质都是采用 JavaScript 编写；同时 Dreamweaver 提供了可视化编写 JavaScript 脚本的界面，网页制作者可方便快捷的利用 JavaScript 实现一些特殊功能。

在 Dreamweaver 中编写 JavaScript，打开"查看"菜单中的"代码"或"代码和设计"命令，调用"显示代码设计视图"，如图 10.46 所示。

JavaScript 代码通常嵌入到 HTNL 文档中，包含在 HTML 标记内。从<script>开始，以</script>结束。

图 10.46 显示代码设计视图

 项目小结

本项目讲解了行为、动作、事件的基本概念和行为面板的基本操作，通过具体的操作讲解了行为的应用方法。在"项目实训"中涵盖了七个行为的实际应用，读者应仔细研究，灵活运用到自己制作的网页中，真正学会行为的应用。

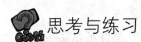 思考与练习

一、选择题

1. 在 Dreamweaver 中，打开"行为"面板的快捷键是（　　）。

　　A．Ctrl+F4　　　　　　　　　B．Shift+F4

　　C．Ctrl+F3　　　　　　　　　D．Alt+F3

2. 事件中对应鼠标的操作是（　　）。

　　A．onKeyUp　　　　　　　　B．onError

　　C．onReset　　　　　　　　　D．onClick

3. JavaScript 脚本语言可以从 HTML 文档中分离出来而成为独立的文件，其默认的文件扩展名是（　　）。

　　A．.jav　　　　　　　　　　B．.sc

　　C．.js　　　　　　　　　　　D．.jas

4. "行为"包括以下两部分（　　）。

　　A．动作与脚本　　　　　　　B．事件与脚本

　　C．动作与事件　　　　　　　D．事件与时间轴

5. 在"时间轴"面板中可以通过设置（　　）改变一个动画的长度。

　　A．通过改变"Fps"中的帧速率

　　B．通过选择起始关键帧并将其向右拖动到一个新的帧上

　　C．通过选择结束关键帧来覆盖附加帧

D. 通过选择结束关键帧并将其向左拖动到一个新的帧上

6．如果想在打开一个页面的同时弹出另一个新窗口，应该进行的设置是（　　　）。

　　A．在"Actions"中选择"Pop Message"

　　B．在"Actions"中选择"Open Browser Window"

　　C．在"Events"中选择"onLoad"

　　D．在"Events"中选择"onUnload"

7．"动作"是 Dreamweaver 预先编写好的（　　　）脚本程序，通过在网页中执行这段代码就可以完成相应的任务（　　　）。

　　A．VBScript　　　　　　　　　　B．JavaScript

　　C．C++　　　　　　　　　　　　D．JSP

8．当鼠标移动到文字链接上时显示一个隐藏层，这个动作的触发事件应该是（　　　）。

　　A．onClick　　　　　　　　　　B．onDblClick

　　C．onMouseOver　　　　　　　　D．onMouseOut

9．有一个供用户注册的网页，在用户填写完成后，单击"确定"按钮，网页将检查所填写的资料的有效性，这是因为使用了 Dreamweaver 的（　　　）事件。

　　A．检查表单　　　　　　　　　　B．检查插件

　　C．检查浏览器　　　　　　　　　D．改变属性

10．在网页被关闭之后，弹出了警告消息框，这通过（　　　）事件可以实现。

　　A．onLoad　　　　　　　　　　B．onError

　　C．onClick　　　　　　　　　　D．onUnLoad

二、填空题

1．行为技术是 Dreamweaver 提供的一组制作网页_____的技术，如打开新窗口、弹出信息、交换图像、播放声音等。

2．行为是由一个_____和一个_____组合而成的，其本质是一段代码。

3．事件是_____生成的消息，也就是说访问者对网页的元素执行了某种操作。

4．动作是由预先编写的_____组成的，这些代码执行特定的任务，例如打开浏览器窗口、显示或隐藏层、播放声音或停止 Macromedia Shockwave 影片。

5．时间轴与_____有着密切的关系，利用时间轴可以实现_____效果，随着时间的变化改变层的位置、尺寸、可视性以及叠放顺序可以实现更多的效果。

三、简答题

1．什么叫事件？用户按下键盘中的任何键将触发哪些事件？

2．"时间轴"面板各项参数有什么含义？

四、操作题

制作一个网页，将"转到 URL"、"显示隐藏层"行为添加到网页中。

# 项目十一

# 模板和库

通常一个网站中会有几百甚至上千个网页组成，而这些网页往往具有相同的风格或者包含一些相同的元素，如果每个网页，我们都重新去做，那么不但工作效率低下，而且效果也未必好。有没有一种方法既可以提高工作效率，又可以使具有相似风格的网页保持风格一致呢？本项目就来学习模板和库的应用。

## 任务目标

- ◆ 了解模板和库的定义
- ◆ 掌握模板的创建及编辑方法和应用
- ◆ 掌握库项目的创建与应用
- ◆ 能利用模板和库统一网页的风格

# 任务一　使用模板

### 知识 11.1　模板的定义及作用

　　模板不同于层和表格等其他的页面元素，它是一种特殊类型的文档。当我们建好一个网站时，会发现许多网页具有相同的元素（比如网站标志，导航条等），如果对这些共同元素进行编辑修改时，一个一个修改，工作效率无疑是低下的。模板用于创建具有相同页面布局的网页，可以方便地对这些相同元素进行更新和修改。

　　模板的原理就是我们利用网站中的一个页面为模型制作出一个模板，这个模板中包含各网页中公共的元素和内容，然后以这个模板为基础去创建其他的网页，从而使这些网面具有相同的风格。

### 知识 11.2　认识资源面板

图 11.1　资源面板

　　执行"窗口"菜单中的"资源"命令或按 F11 键就可以打开资源面板。单击左侧的 "模板"按钮，如图 11.1 所示。在面板底部排列着五个按钮，各按钮功能如下：

　　1）应用：将选定的模板应用到网页文档中。

　　2）刷新站点列表。

　　3）"新建模板"按钮：添加一个新的模板。

　　4）"编辑"按钮：编辑选定的模板。

　　5） "删除"按钮：删除选定的模板。

### 操作 11.1　创建模板

　　我们可以利用已有的网页文件创建模板，也可以从头开始创建空白的模板。

#### 1．创建空白模板

　　1）在编辑窗口，执行"文件"菜单中的"新建"命令，打开"新建文档"对话框，在打开的对话框中，单击"空白页"选项，选择"页面类型"中的"HTML 模板"选项，单击"创建"按钮，如图 11.2 所示，就进入了该模板的编辑窗口。

　　2）在空白模板文档的编辑区中，可以利用表格或层等布局工具在适当的位置插入网站标志、导航条等公有的元素，如图 11.3 所示。

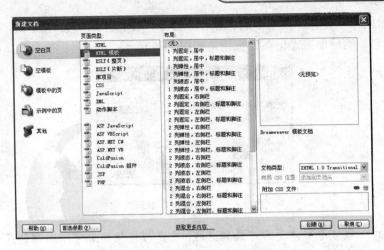

图 11.2 新建文档对话框

图 11.3 文档窗口

3）为模板定义可编辑区：选择要设置为可编辑区域的部分，执行"插入记录"菜单中的"模板对象"命令，在其下拉子菜单中选择"可编辑区域"命令。打开"新建可编辑区域"对话框，如图 11.4 所示。在其中输入可编辑区的名称，单击"确定"按钮，插入后的效果如图 11.5 所示。

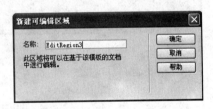

图 11.4 "新建可编辑区域"对话框

图 11.5 模板文档界面

4）然后执行"文件"菜单中的"保存"命令，在打开的"另存模板"对话框中为模板文档命名，然后单击"保存"按钮，如图 11.6 所示。

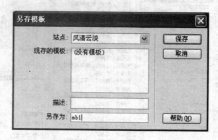

图 11.6 "另存模板"对话框

 提 示 模板中必须要有可编辑区域，它是模板使用者可以编辑的区域。一个模板中可以包含多个可编辑区，但不能使用相同的名字。表格、单元格、层等元素都可标记为可编辑区。

2. 利用已有文档创建模板

1）打开要保存为模板的文档。

2）删除不需要的内容，仅保留各网页中公共的部分，如图 11.7 所示。修改后，单击"文件"菜单中的"另存为模板"命令，打开"另存模板"对话框，如图 11.8 所示，在对话框中，输入模板名称，单击"保存"按钮。

图 11.7 模板内容

图 11.8 "另存模板"对话框

3）在模板文档中定义可编辑区。

**操作 11.2 编辑模板**

模板文档创建完毕后，若要对公共部分进行修改，则需要执行如下操作：

 **操作步骤**

1）打开"资源"面板，单击"模板"按钮🖹。

2）在右侧的列表中选择要编辑的模板名称，如图 11.9 所示，单击底部的"编辑"按钮✎，或者双击要编辑的模板，都可以将模板在编辑窗口打开，如图 11.10 所示。

图 11.9 选取模板　　　　　　　　图 11.10 模板文档窗口

3）按要求修改模板的内容，比如更换网站标志，更换后如图 11.11 所示。

4）保存模板，如果此模板已被引用，在保存时会弹出一个提示框，如图 11.12 所示，单击"更新"按钮则更新引用该模板的网页内容；单击"不更新"则引用该模板的网页内容不变。

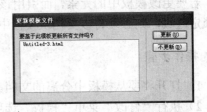

图 11.11 编辑后的模板　　　　　　图 11.12 更新模板文件对话框

## 操作 11.3 利用模板制作网页

 **操作步骤**

1）执行"文件"菜单中的"新建"命令，打开"新建文档"对话框，在左侧的列表框中选择"模板中的页"，在"站点"列表框中选择模板所在的站点"风清云淡"，在右侧的列表中选择模板"mb1"，根据需要勾选"当模板改变时更新页面"复选框，如图 11.13 所示。最后单击"创建"按钮。

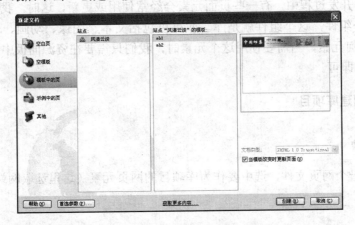

图 11.13 新建文档对话框

2）在新文档的编辑窗口中编辑网页文件。

3）将网页文件重新保存。

## 操作 11.4　管理网站中模板

### 1．取消模板可编辑区

 **操作步骤**

1）打开将要取消可编辑区的模板，选择要取消的可编辑区域。

2）执行"修改"菜单"模板"选项中的"删除模板标记"命令。

### 2．文档从模板中分离

若要更改模板中的元素，而引用该模板的网页不变化，或者仅更改引用模板的文档的锁定区域，则必须将该文档从模板中分离。

 **操作步骤**

1）打开将要从模板中分离的文档。

2）执行"修改"菜单"模板"选项中的"从模板中分离"命令。

模板保存时，将会自动保存在站点根目录下的 Templates 文件夹下，如果该文件夹不存在，则系统自动创建，无需用户自己建立。

## 任务二　使　用　库

## 知识 11.3　关于库

在网站的开发过程中，有一些页面元素会经常使用或更新，这时，我们可以把这些元素做成一个组件，这个组件就是库。库可以包括文本、图像、动画、表格、脚本等 Body 中的任何元素，当需要使用这个元素时，我们只需要在资源面板中把该库拖到引用库的网页中即可。

## 操作 11.5　创建库项目

 **操作步骤**

1）打开一个网页文件，选中要作为库项目的网页元素（这里选取网站的站标）。如图 11.14 所示。

图 11.14 库项目元素

2）按 F11 键打开资源面板，单击左侧的库按钮，然后单击底部的"新建库项目"按钮。将创建一个默认文件名为 Untitled 的库项目，如图 11.15 所示。

### 操作 11.6 修改库项目

**操作步骤**

1）按 F11 键打开资源面板，单击库按钮。在右侧的库列表中，双击将要编辑的库项目，库就会在网页编辑窗口打开，如图 11.16 所示。

图 11.15 创建的库项目

2）对库项目元素按要求进行修改，然后按 Ctrl+S 键进行保存。保存时会弹出"更新库项目"对话框，如图 11.17 所示。单击"更新"按钮可以对本地站点使用该库项目的网页按修改后的内容进行更新。

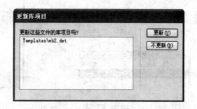

图 11.16 打开的库项目　　　　　图 11.17 更新库项目对话框

3）如果修改后不马上更新，以后可以通过执行"修改"菜单中"库"、"更新页面"命令来进行更新，如图 11.18 所示。

图 11.18 更新页面对话框

### 操作 11.7 使用库项目

**操作步骤**

1）新建一个空白网页。

2）将光标定位于要插入库项目的位置。

3）按 F11 键打开资源面板，单击左侧的"库"按钮。选择要插入网页的库项目，单击 插入 按钮。或者直接用鼠标将库拖到网页窗口。

4）将网页保存下来。

实训项目

### 实训 11.1 "电脑销售网"制作

1. 创建站点根目录

在 D 盘根目录下新建站点目录 myproject11，站点名称为"电脑销售网"，在站点目录下创建子文件夹 images 和 files，images 文件夹用来存放图片等素材，并将本项目所用素材复制到该文件夹内，如图 11.19 及图 11.20 所示。

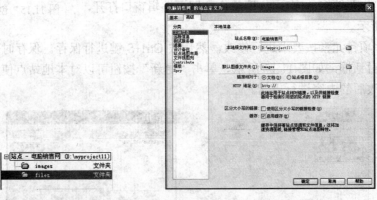

图 11.19　建立目录　　　　　　　图 11.20　创建站点目录

2. 创建模板

1）执行"文件"菜单"新建"命令，在打开的"新建文档"对话框中，单击左侧的"空模板"图标，在中间"模板类型"列表框中选择"HTML 模板"，"布局"选"无"，单击 创建(R) 按钮，如图 11.21 所示。

图 11.21　"新建文档"对话框

2）将新建的模板保存为"moban1.dwt"，如图 11.22 所示。

图 11.22 "另存模板"对话框

3）在模板文档的编辑窗口中单击"插入"工具栏"布局"选项卡中的"表格"按钮，如图 11.23 所示。在打开的"表格"对话框中，进行如图 11.24 所示的设置。插入一个 2×2 的表格。

图 11.23 布局选项卡

4）对表格进行调整：将第二行合并成为一个单元格，如图 11.25 所示。

5）在第一行的第一个单元格中插入合适的图片，选中第二个单元格，在属性面板中为其添加背景图片，并输入文字"电脑销售网"，图片素材在 images 文件夹中。插入后的效果如图 11.26 所示。

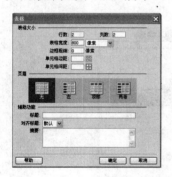

图 11.24 表格对话框

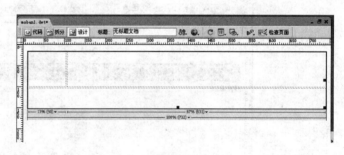

图 11.25 模板文档

图 11.26 模板文档

6）将光标定位于第二行的单元格内，插入一个 1×6 的表格，表格宽度为 100 像素，单位为百分比。在属性面板设置表格的背景颜色。

7）将光标定位于嵌套表格的第一个单元格中，执行"插入记录"菜单中的"图像"命令，选择一个合适的按钮图片插入并居中。同理，在其他单元格中插入按钮图片，效果如图 11.27 所示。

图 11.27　模板文档

8）将光标定位于导航条的下方，单击"插入"工具栏"常用"选项卡中的"模板"下拉按钮，在弹出的下拉菜单中选择"可编辑区域"选项，如图 11.28 所示。在打开的"新建可编辑区域"对话框中为该区域命名，单击"确定"按钮。调整可编辑区的大小后，界面如图 11.29 所示。然后，按 Ctrl+S 键重新保存模板文档。

图 11.28　常用选项卡

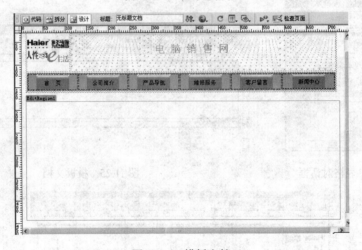

图 11.29　模板文档

**3．创建首页文件**

1）新建一空白网页文档，命名为 index.htm，并将其保存于 files 文件夹内。

2）在 index.htm 文档编辑窗口中，按 F11 键打开资源面板，单击左侧的"模板"按钮。在模板列表中选择 moban1.dwt，单击底部的"应用"按钮 应用 。

3）在可编辑区插入一个 7×3 的表格，调整表格大小及位置，并在表格单位格内插入图片及相应文字，效果如图 11.30 所示。

图 11.30　美化后的网页

4）将标题改为"电脑销售网"，按 Ctrl+S 键保存，然后按 F12 键浏览，最终效果如图 11.31 所示。

图 11.31　网页 index.htm 效果

4. 创建相关网页并实现链接

以同样的方法，制作"公司简介"、"产品导航"、"维修服务"、"客户留言"、"新闻中心"页面。并链接各个网页，完成最后的设置。

实训 11.2　制作"崂山风景网"

【实训目的】

1）掌握创建模板和库的方法。

2）掌握模板和库的应用。

3）初步掌握利用模板设计网页的思路。

4）可参考本实训提示，自己创新，设计出独特风格的网页。

【实训提示】

### 1. 创建站点根目录

在 D 盘建立站点目录 mytest11 以及子目录 images 和 files,在"高级"标签中定义站点，站点名为"崂山风景网"，如图 11.32 所示。

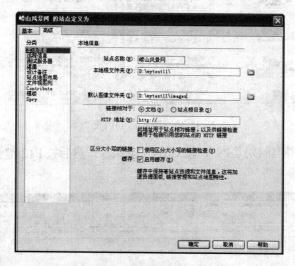

图 11.32　站点定义

### 2. 创建模板网页

1）利用"文件"菜单"新建"命令创建一个空白的模板。

2）在模板的编辑窗口插入表格，如图 11.33 所示。

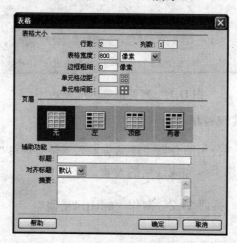

图 11.33　插入表格

3）将表格宽度设为 800 像素，边框粗细 0，在属性面板中对表格进行格式化，对第一行添加背景图片，使其更具个性化，图片素材在 images 文件夹中。在第二行单元格中，插入一个 1×6 的表格，并在各单元格中输入相应的文字，如图 11.34 所示。

图 11.34　格式化后的表格

4）为模板定义可编辑区。

5）将模板命名为 moban2.dwt，并保存到"templates"文件夹中（保存模板时自动创建 templates 文件夹）。

**3. 创建相关网页**

创建空白的网页文档"index.htm"、"ftrq.htm"、"rw.htm"、"jt.htm"、"lsmr.htm"，并保存在 files 文件夹中，如图 11.35 所示

**4. 创建超级链接**

再次打开模板文档"moban2.dwt"，为文字"首页"、"风土人情"、"人文"、"交通"、"历史名人"做链接，分别链接至文件"index.htm"、"ftrq.htm"、"rw.htm"、

图 11.35　文件目录结构

"jt.htm"、"lsmr.htm"，为文本"联系我们"创建电子邮件超链接，效果如图 11.36 所示。

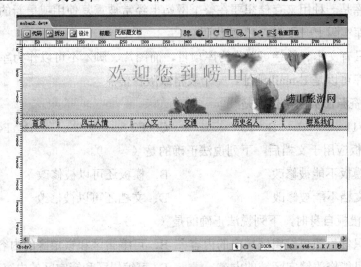

图 11.36　创建超级链接

5．网页套用模板

1）打开网页文件"index.htm"。

2）按 F11 键打开"资源"面板，单击左侧的"模板"图标，在右侧的列表中找到模板"moban.dwt"，单击底部的"应用"按钮。

3）在可编辑区中插入表格等布局对象，在相应的位置插入图片或文字。

4）同理将模板引用到其他的网页中去。并为网页添加内容和美化网页。

 知识拓展　模板和库的区别

1）模板是一个文件，而库是网页中的一段 HTML 代码，它只是网页中的一个元素。

2）模板默认的保存目录是 templates，而库默认被保存在 library 中，扩展名为.lbi。

3）模板一般用于结构相同，而局部的内容不同的网页中。而网页中大量用到的相同的部分或元素一般创建为库项目。

 项目小结

本项目通过介绍模板和库项目的概念，引入模板和库的创建与使用。对本项目的学习，要求学生能合理的使用模板和库，同时，进一步掌握表格等布局工具的使用。

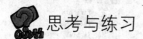 思考与练习

一、选择题

1．在 Dreamweaver MX 中，插入可编辑区域的按钮为（　　）。

　　A. 　　　　B. 　　　　C. 　　　　D.

2．下列关于库的说法错误的是（　　）。

　　A．库是一种用来存储想要在整个网站上经常被重复使用或更新的页面元素

　　B．库实际上一段 HTML 源代码

　　C．只有文本、数字可以作为库项目，而图片、脚本不可以作为库项目

　　D．库可以是 E-mail 地址、一个表格或版权信息

3．打开资源面板的快捷键是（　　）。

　　A．F11　　　　B．F3　　　　C．F2　　　　D．F4

4．将模板应用于文档后，下列说法正确的是（　　）。

　　A．模板不能被修改　　　　　　B．模板还可以被修改

　　C．文档不能被修改　　　　　　D．文档还可以被修改

5．编辑模板自身时，下列说法正确的是（　　）。

　　A．只能修改可编辑区域中的内容　　B．可编辑区和锁定区的内容都可以修改

　　C．只能修改锁定区域的内容　　　　D．可编辑区和锁定区的内容都不可以修改

6. 如果只是想让页面具有相同的标题和脚注，但具有不同的页面布局，那么最好使用的技术是（　　）。

　　A. 库　　　　　　B. 模板　　　　　C. 库或模板均可　D. 每个页面单独设计

7. 编辑网页使用的技术中，库只能是包含（　　）中的元素。

　　A. head　　　　　B. html　　　　　C. body　　　　　D. table

8. 模板文件默认被保存在站点根目录下的（　　）文件夹下。

　　A. dreamweaver　B. css　　　　　C. libray　　　　D. template

9. 库的扩展名是（　　）。

　　A. dwt　　　　　B. asp　　　　　C. lbi　　　　　D. htm

二、填空题

1. 模板一般用于_____基本不变的情况。

2. 在基于模板的网页中，只能修改网页的_____区中的内容。

3. 要对使用模板的页面进行更新，需要使用的菜单是_____。

4. 一次能将_____个单元格定义成一个可编辑区。

5. 如果要取消当前网页中的库，可在选择库后单击属性面板上的_____按钮。

三、简答题

模板与库的区别有哪些？

四、操作题

写出把当前网页保存为模板的步骤。

项目十二

# 综合实训

　　通过前面十一个项目的学习，了解了网页设计的基础知识，掌握了网页制作的一些技巧；同时通过"实训项目"环节，进一步掌握了这些技巧的具体运用方法，每个项目通常融合了一个或几个知识点。本项目从建设一个完整网站的角度，全面提示制作网站的流程方法，通过自己独立完成本项目，将前面学过的知识灵活运用到本项目中，真正掌握网站的制作方法，提高自身职业技能。

### 任务目标

◆ 了解网站设计、制作、测试、发布的全过程

◆ 利用 Dreamweaver CS3 创建一个校园网站

# 实训　网站设计

## 【实训目的】

综合前面学过的知识，独立创建一个比较完整的网站。

## 【实训提示】

1. 网站设计

（1）校园网网站的功能定位

1）宣传学校教育及文化，提高学校的影响力。

2）及时快捷的发布学校新闻、招生信息等。

3）通过 Internet 开展网络网络教学，加强师生互动交流，提高应用。

4）利用信息化带动学校教育现代化的发展。

（2）设计风格

1）IE：800×600 以上分辨率。

2）字体：大部分采用 12 号新宋体或者宋体字，每一种字体写入样式表里面。

3）网页宽度 780pix，高度自动，直拉式，并尽量体现艺术校园的设计创意。

4）页面采用艺术性的 Banner 条形式，大气而现代，符合现代人的审美观点。

5）以浅蓝色为基调色。

（3）网站板块及栏目

网站采用一级、二级栏目的模式，如表 12.1 所示。

**表 12.1　网站板块及栏目**

| 名　称 | | 二 级 栏 目 | 说　明 |
|---|---|---|---|
| 首页 | | 设有"学校风貌"、"校园新闻"、"招生信息"、"专业介绍"等专题栏目，外加"留言簿"，"友情链接"，"资源平台"，"在线投票"，"校长信箱"等功能 | |
| 网站栏目 | 学校风貌 | 学校简介 | 简介学校的大概情况 |
| | | 校长寄语 | |
| | | 学校荣誉 | 学校所获得所有荣誉(图文展示) |
| | | 校史回顾 | 学校建校以来的大事回顾 |
| | | 师资队伍 | 教师姓名、相片、简介 |
| | | 精彩校园 | 贴出校园风景及学校活动照片 |
| | 校园新闻 | 分为文字新闻和图片新闻 | |
| | 招生信息 | 公布学校的专业招生政策、计划 | |
| | 专业介绍 | 机电专业 | 专业特色、课程设置 |
| | | 计算机专业 | |

续表

| 名　称 | 二级栏目 | 说　明 |
|---|---|---|
| 网站栏目 | | |
| 专业介绍 | 数控专业 | 专业特色、课程设置 |
| | 财会专业 | |
| | 物流专业 | |
| | 汽修专业 | |
| 学生园地 | 学生会 | 介绍学生日常工作 |
| | 成绩查询 | 期中、期末各科成绩 |
| 教师之家 | 教育视野 | 从网上搜索古今中外教育理论各方面的文章 |
| | 教师博客(教师网友联盟) | 教师随笔的一片天地,加强教师的教学经验交流 |
| | 教育科研 | 发布课改经验、教育教学案例等 |
| | 办公助手 | 日程安排、工作计划、会议记录（其他人可发表评语、建议） |

2. 创建本地站点

1）利用"新建站点"命令，定义站点，如图 12.1 所示。

2）在"文件"面板中新建两个文件夹，分别为 files 和 others，其中 files 保存一些下载文件，others 保存 Flash 动画文件及其他文档，如图 12.2 所示。

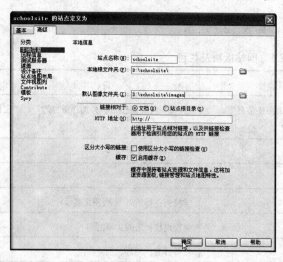
图 12.1　站点定义

图 12.2　"文件"面板

3）在"文件"面板中创建首页文件 index.html，然后创建其他的链接文件，完成所有文件创建之后，在"站点地图"显示文件之间的关系，如图 12.3 所示。

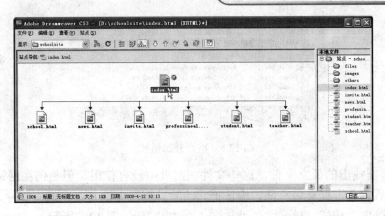

图 12.3 站点地图

### 3. 网页制作

网页制作是网站制作过程中主要部分,要充分利用学过的知识,制作出精美的网页。可考虑采用如下技术:

1) 利用表格或框架技术,对网页进行布局。运用表格布局不要嵌套层次过于复杂,避免浏览网页时,下载速度过慢。要选择合适的屏幕分辨率,适用不同的显示器。

2) 利用模板与库技术。制作网站的二、三级页面,采用模板技术,一是统一各个网页的风格,二是加快制作速度。

3) 利用 CSS 样式技术。制作的样式表作为外部文件保存,以便应用于所有的页面,便于统一网页风格。

4) 采用时间轴制作动画技术,制作招生宣传动画,丰富页面。

### 4. 网站测试

网站制作完后,要对整个网站进行测试,测试内容主要包括链接检查和浏览器兼容性检查。

(1) 链接检查具体操作方法

1) 在编辑视图状态下,执行"站点"、"检查站点范围的链接"命令,弹出"结果"对话框,如图 12.4 所示。

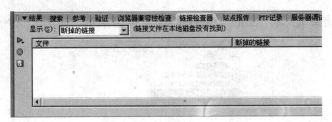

图 12.4 "结果"对话框

2) 检查器检查出本网站与外部网站的链接的全部信息,对于外部链接,检查器不能判断正确与否,请自行核对,如图 12.5 所示。

图 12.5 检查外部链接

3）检查器找出的孤立文件，这些文件在网页中没有使用，但是仍在网站文件夹里存放，上传后它会占据有效空间，应该把它清除。清除办法是：先选中文件，按 Delete 键，单击"确定"按钮。这些文件就放在"回收站"，如图 12.6 所示。

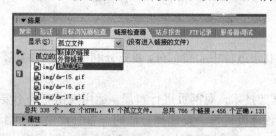

图 12.6 清除无效文件

如果不想删除这些文件，点  保存报告按钮（图 12.6 所示），在弹出的对话框中给报告文件一个保存路径和文件名即可。该报告文件为一个检查结果列表。

（2）浏览器兼容性检查具体操作方法

1）执行"窗口"、"结果"命令，弹出"结果"面板，如图 12.7 所示。

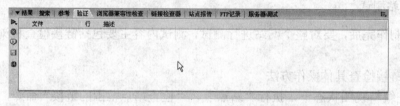

图 12.7 "结果"面板

2）单击"结果"面板左侧的"验证按钮"，弹出菜单，如图 12.8 所示。

图 12.8 "设置"选项

3）单击"设置"选项，弹出"首选参数"对话框，选择不同的浏览器版本，如图 12.9 所示。

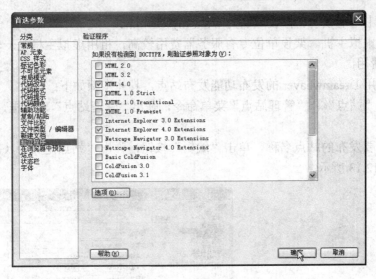

图 12.9 "首选参数"对话框

4）单击"确定"按钮，单击"结果"面板左侧的"验证"按钮，在弹出的菜单中选择"验证当前文档"选项，效果如图 12.10 所示。

图 12.10 选择"验证当前文档"选项

5）单击"结果"面板左侧的"浏览报告"按钮，弹出浏览器模式的验证报告，如图 12.11 所示。

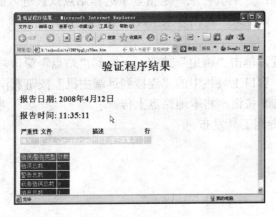

图 12.11 验证报告

5. 站点发布

本地站点测试无误后，即可发布网站。

1）到网上申请域名。假设域名为 www.myschool.net。

2）租用虚拟主机。架设单位专有服务器费用较高，租用虚拟主机是一个较好的选择，可节省费用。

3）可利用 Dreamweaver 的发布功能发布站点，具体步骤如下：

①　执行"站点"、"管理站点"菜单命令，弹出"管理站点"对话框，如图 12.12 所示。

②　选中要发布的站点名称，单击"编辑"按钮，弹出"站点定义为（高级）"对话框，如图 12.13 所示。

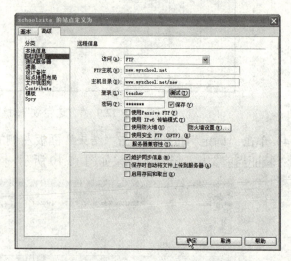

图 12.12 "管理站点"对话框　　　　图 12.13 "站点定义为（高级）"对话框

③　在"站点定义为（高级）"对话框左侧选择"远程信息"，右侧"访问"选择"FTP"；"FTP 主机"就是互联网上 FTP 服务器的域名或 IP 地址（服务商提供），这里设为 new.school.net；"主机目录"是指登录远程站点默认进入的目录名，这里设为 www.school.net/new；"登录"是指登录 FTP 服务器的用户名；"密码"是指登录 FTP 服务器的用户密码。

④　完成上述设置，单击"确定"按钮，返回到"站点"窗口。

⑤　单击"站点"窗口工具栏中的"连接到远端主机"按钮，开始连接远程服务器，连接成功，单击 ⬆ 按钮，将本地站点上传。

⑥　也可用 FTP 专用工具发布。